你缺的不是努力，而是变现的能力

临公子 著

中国 友谊出版公司

图书在版编目（CIP）数据

你缺的不是努力，而是变现的能力 / 临公子著 . --
北京：中国友谊出版公司，2020.6

　　ISBN 978-7-5057-4884-2

　　Ⅰ . ①你… Ⅱ . ①临… Ⅲ . ①成功心理 – 通俗读物
Ⅳ . ① B848.4-49

　　中国版本图书馆 CIP 数据核字 (2020) 第 045152 号

书名	你缺的不是努力，而是变现的能力
作者	临公子
出版	中国友谊出版公司
发行	中国友谊出版公司
经销	新华书店
印刷	河北鹏润印刷有限公司
规格	880×1230 毫米　32 开
	8 印张　140 千字
版次	2020 年 6 月第 1 版
印次	2020 年 6 月第 1 次印刷
书号	ISBN 978-7-5057-4884-2
定价	46.80 元
地址	北京市朝阳区西坝河南里 17 号楼
邮编	100028
电话	(010) 64678009

序　言

↑

我曾想过写作可能带给我的改变，但没想到，3年后我出了一本书。

我本职是 IT 产品经理，这些年白天上班加上晚上写作，累计写了 80 万字。许多人惊讶于我在本职做得还不错的情况下，还能开拓新的"赛道"，并好奇地问："怎么才能和你一样把写作作为副业呢？"

我的答案很简单：第一，我愿意为兴趣付出时间精力；第二，我愿意一篇又一篇地写，一点又一点地学。

理工科出身的我，写作谈不上天赋异禀，运气也乏善可陈。我写的第一篇文章，是关于本职的产品实操文，除了同行几乎没人能看懂。初期不知道写什么时，就写一些阅读后的书评。

随着自身的成长和对公众号定位的逐渐清晰，我开始写工薪族的投资理财，开始写职场中的"升级打怪"，聚焦上班族最关心的"那点儿事"。我努力将自己打磨成"上班族 2.0 版"，而不仅仅只是一个拿"死工资"的人。

正因如此，写了几年公众号：

我最开心的，是有人说我的文章让他重新审视自己，学会以多维视角看待事物，挖掘到新的可能性。

我最开心的，是关注多年的读者感慨，这几年和我共同进步，像是从未谋面但又亲密无间的朋友。

我最开心的，是回头看自己时，愿意与这些年的自己举杯说声："你辛苦了，但一切都非常值得。"

写作这件小事就像一扇窗户，让我接触到更大的新世界、遇到不同圈子的人、实现更高速的个人成长。

从普通的职场人，到写作 1 个月后收到金融平台签约邀请、3 个月成为 LinkedIn（领英）专栏作者，再到写出全网阅读量破千万的文章，拓宽了不少收入渠道……

持续成长，就是你现在看到的我。

↑ ↑

对普通人而言，一生中有 1/3 的时光都在工作中度过。稻盛和夫说："工作能够锻炼人性、磨砺心志，工作是人生最尊贵、最重、最有价值的行为。"这话听起来挺"鸡汤"，包括我早期时也觉得：工作嘛，拿钱做事而已。

可在职场摸爬滚打几年，我发现"上班"与"工作"是截然不同的两个状态。一个"上班的人"，是纯粹拿劳动力换钱，他是被动型工作者；而一个"工作的人"，除了得到薪水，还得到了成长。同样是 8 小时，"工作的人"获得了两份回报。

再说句现实的话，多数人的核心收入来源于工资，如果你能有针对性地通过工作修炼自己，它能帮助你快速攒下第一桶金，并持续提供足够的现金流。

在这本书里，我将聊聊许多你熟悉的或是经历过的职场事件，里面有不少值得我们汲取的经验和逻辑，希望它们能帮你提纯职场含金量。

作为一个兼职"码字"的人，我还有个特别深的感触：下班后的时间，是拉开彼此差距的战场。是的，以我的观察，许多比同龄人拥有更多资源的人，他们无一例外地用心对待"下班后"的时光，有些甚至常年保持工作状态，并将其作为一个习惯。

细想来，我接触的副业有近 20 种，身份也不断发生变化：金融/职场平台签约作者、传媒公司合伙人、互联网产品负责人、海内外房产投资者……每一次尝试，都带给我思维上的突破。

你的认识边界越大，潜在机会也越多。就像许多读者得知我买了 5 套海外房产时，很诡异地说自己从来没考虑过在居住地或老家以外的地方买房。

而这些思考模式，也是在我本职之余保持阅读、写作、接触到新场景后得到的启发，它们成为我步步精进的垫脚石。

↑↑↑

不管哪个阶段的人，常常都有个共同的困惑：为什么我总遇不到机会呢？

事实上我们的一生会遇到诸多转机。可惜大部分的人往往无法判断机会，即便发现了也无法抓住。

把握机会的能力，其实是一项非常核心的能力。正如武侠小说大师古龙所说：问题并不在有几成机会，而在于你能否把握机会，若是真的能完全把握机会，一成机会也已足够。

我们每天朝九晚五或"996"地穿梭在两点一线，久而久之，做出决定时基于惯性，看待事物的角度开始固化。熟悉的地方没有风景，于是我们需要有意识地利用思维工具，帮助自己做出尽可能对未来有利的决定。

这本书同时将以有趣的金钱视角，和你一起聊聊面对真实场景时，用一种更理性、更清醒的判断维度。没什么干巴巴的道理，或许你在看完后，会潜移默化地更新自己的衡量体系。

你可以把它当作一本有意思的职场书，翻开时，从熟悉的场景中找到属于你的新答案。

↑↑↑↑

在本职比较忙的情况下坚持写作 3 年，首先要感谢我的先生。说来有些好笑，当初忙完婚礼我一下子空闲下来，我又是个闲不住的人，就开始注册公众号写文章。

在这个过程中，我开始习惯每天做好本职工作的同时，认真写作，每天需要工作 12~14 个小时。他给予了很大的理解支持，陪伴我度过种种焦虑和难熬的时光。

我也要感谢斯坦威图书的编辑团队，从成千上万的作者中找到我，非常顺利地决定合作，并在过程中不断鼓励我。

当然最感谢的——是你，我的读者。文字将你我联系在一起，把我从一个网络陌生人，变成有血有肉、仿佛是朋友般的存在。

时间过得好快，快到每天、每周、每月都像急行军一样前行，回头望走来的路，似乎还冒着热气；时间又过得好慢，未来还有太多想要实现的愿景，这个世界还有很多未知的棱面，我还想知道，我这么一个普通的上班族，还能呈现出怎样意想不到的故事。

所以，我会一直努力，也请你加油！

感谢你们的陪伴！

目　录

第 *4* 章 ▶ 经济学视角，帮你理清思路

第 *1* 章

职场 8 小时的

能力基础课

总感觉工作太累？懂得点"偷懒"

　　有一位工作 4 年的女孩问我一个问题："临公子，我上个月升职后，薪资涨了 1 千多元，可工作量剧增。除了原先的任务，我还做了许多额外任务……几乎每天加班。好累啊，我越想越不平衡，怎么办？"

　　这似乎是个挺普遍的问题。大部分晋升加薪的背后，隐藏着"加班"的潜在条件，而人们潜意识里对加班是默许的。实际上，不少上班族身心疲劳的主要原因，在于 4 个字——"不、会、偷、懒"。别急着吐槽，先听我先说一件真事。

2013 年，有位叫 Bob 的程序员名声大噪。他在美国一家知名运营商任职，是公司最顶尖的程式设计师。Bob 被誉为"最优秀的开发人员"，他一直保持代码干净，总是按时完成工作。不过，最让人佩服的地方，是他的上班状态。

9:00：抵达公司，逛论坛、看视频。

11:30：吃午餐。

13:00：逛 eBay（易趣）。

14:00：逛 Facebook（脸书）或 LinkedIn（领英）。

16:30：写邮件向主管汇报工作进度。

17:00：回家。

厉害吧？过了好久，同事们终于觉得不对劲。这才发现，Bob 年薪几十万美元，居然一行代码都没写！没错，他用自己 1/5 的薪水作为代价，将工作外包给中国沈阳的承包商，然后自己整天在公司休闲娱乐，还因此成为最佳员工。

东窗事发，老板立马让 Bob 离职，还将此作为一则安全事故挂出来。客观地讲，Bob 最致命的问题只有一点——不该欺骗。其他的，不论怎么看都是双赢局面。他提交的代码确实很完美，确实对得起薪水，不是吗？如果我是老板，把所有软件让他外包，给他加薪都可以。

事实上，**Bob**的思维是很多职场人欠缺的。我们拿到一项任务，通常想的是："我该怎么去实现呢？"而他想的是："我有什么办法能交出成果？"

这个"最佳员工"，名副其实。难道从早到晚不停地敲代码的人才能被称为最佳员工？难道每天"晒"加班的人才是最佳员工？难道忙得连晚饭都没空吃的人才叫最佳员工？殊不知，职场中所谓"优秀"，不是比谁劳苦功高，而是比谁成果卓绝。

↑↑

我们常常会产生错觉：升职加薪后，工作量就应该增加。就像一开始那位女孩说的那样，她升职后，一边做着额外任务，一边做着原先工作。但是，给你更多的薪水，是想让你承担更有价值的事情，而非把任务做加法，将工作全部叠压在自己肩上。

我以前所在的公司有个项目经理，程序开发出身，自从转型管理岗后，原本就经常加班的他，几乎每天晚上 10 点才下班。永远有做不完的事、开不完的会。有一回他实在憋不住爆发了，在群里一条接一条地发语音"吐槽"：自己一个人做了全组的事；领导的资源没给到位；家人不理解……杂事一箩筐，还不如之前纯粹写代码！

几个朋友在群里分析了不到半小时，便发现原因：他太勤快、太有责任感了，什么事都自己做！因为担心新来的员工接手工作会出现问题，他就代写主模块代码；认为需求有不妥之处，他就拉着分析师修改方案；看到合作报价有瑕疵，他就熬夜查阅商务文档，第二天主动要求一起去开沟通会。这是有能力的人常犯的毛病——总觉得别人没自己干得好，工作交给别人不放心，事必躬亲，最终把自己累得筋疲力尽。

电影《蜘蛛侠》里有句经典台词："能力越大，责任越大。"只是，很多人在工作中把这句话默默曲解为：能力越大，工作量越大。从而陷在无尽的任务里，不可自拔。

↑ ↑ ↑

不得不说，多数上班族骨子里以勤快为荣，以偷懒为耻。**我这里说的"偷懒"，不是让你当职场老油条，而是要头脑**

勤快。勤于找到更快、更有效的解决方法，做到多快好省，使命必达。

我有位做 IT 运维的同事大元，入司第一年的绩效就是 A+。他的加班时间不算多，甚至他在别人加班时就提早先走了。大元有什么与众不同之处呢？其他员工每天循规蹈矩地手动维护服务器，他却把大量时间用在写脚本、做自动化工具上。其中几款小工具，还获得部门及公司创新奖。人家花两三个小时做的事情，大元半小时不到搞定了，而且还能自动获取统计报表。

乔布斯说过一段话："如果你很忙，除了你真的很重要以外，更可能的原因是：你很弱。"你没有什么更好的事情去做，你生活太差不得不努力去弥补，或者你装作很忙，让自己显得很重要。

我工作以来最忙的阶段是前 3 年，岗位最低、价值最低，大量重复性手工操作让自己不停忙碌，还不懂得对琐事"say no"。你让我现在谈谈当初具体做了什么，我甚至都会很迷茫：什么事都做了，但又什么事都没做。真是应验了"用战术上的勤奋，掩饰战略上的懒惰"这句话。人啊，身体太忙碌，脑袋反而变懒惰。

对于"偷懒"的定义，我觉得用一句话形容比较贴切：君子生非异也，善假于物也。比如，你管理一家公司，根本没必要钻研每个岗位的技能，只要让员工人尽其才就可以了；你想咨询某个专业意见，相比熬夜埋头翻资料，找位行业大咖进行一对一的咨询是不是事半功倍？你想每周清理房间，上班很忙很累，找个钟点工不比自己咬紧牙关去收拾要好很多吗？

有人估计会说，这些都要花钱的吧？但实际上，人类发展的重要标志之一就是分工细化，不再需要你亲自动手完成一切。在所有事情上自给自足的人，表面上看起来很勤快，但实际上跟面朝黄土背朝天的老黄牛无异。

比月薪更能体现个人价值的，是时薪

↑

有两份工作，一份年薪 15 万，一份年薪 20 万，你选哪个？相信大多数人选择后者。是的，同事 S 也不例外。他就面临着这样的选择：

工作 1：年薪 15 万的技术经理，主攻技术选型和架构，工作相对轻松，基本朝九晚五，偶尔加班。

工作 2：年薪 20 万的项目经理，负责内部业务的实施、管理等，背负的 KPI 业绩压力大，且办公地点离 S 家较远。

他本能地被工作（资）2吸引，可仔细想了一下就犹豫了。前者需要每天工作8小时，而后者每天可能需要工作10小时，并且有很多节假日加班的情况，每天的通勤时间则增加不少，折算成时薪后完全没有优势。何况，S又是"有家有口"的人，选择工作2的话，陪伴家人孩子的时间立马被压缩到角落里。

此时，S心里的天平自然向工作1倾斜。

时薪＝（全部工作收入－工作花销）/投入工作的总时间。

根据上面的公式我们会发现，有的人年薪高得让你羡慕不已，但聚餐活动时，他要么缺席，要么临时发来信息："抱歉啊，突然有事加班，下回一定来。"终于在某天见到真人，发现他形容枯槁、面容憔悴，还一个劲儿地吐槽钱少事多。

看似明码标价的薪酬，掩盖了背后的种种隐性成本。比如，交通所花费的时间和金钱；在公司或其他任何地点的加班；健康损耗……想在空余时间里享受生活、自我成长等等，全都会成为一场空。

拿着"包月"的工资，干着不计"流量"的工作，还有个最大的暗坑：你的可能性，正被源源不断的工作量挤出门外，而这种可能性本可以带给你更高的价值或薪资。爱因斯坦说："人与人之间的差异产生于业余时间。业余时间能成就一个人，也能毁灭一个人。"

↑↑

　　我曾在一家按小时付费的雇佣平台兼职，时薪百元起。不仅流程严谨，而且采用以分钟为单位的计时方式，潜移默化中，会让人格外在意时间使用率，这样，效率反而比 8 小时班制多快好省。事实上，"包月包年"的时间是相当松散的。在办公室，你会分神，会浏览网站，会闲聊两句；在家里，饿了心神恍惚，饱了"饭气攻心"，翻个手机撸个猫，上床平躺磨洋工。然后在截止日期前一天，恨不能把键盘敲碎。

　　效率被注水到不行。可一旦把水分挤干，全身会处于备战状态，尤其以时薪计算时，逝去的每分每秒都能听到钱的声音，能不专注吗？能不精神抖擞吗？

　　与此同时，这样的工作方式让我们对计划的控制权也更大了。每天 24 小时，数量上人人平等，但谁能将时间轴切割得越细，就等同拥有了加倍的"暗时间"。对内而言，计划的颗粒度直接影响到执行时的精确性；对外来看，能用小时表达进度会让你的信赖值瞬间飙升。可以做一份预估：同样一份工作，A 说明天做完，B 说明天下午做完，C 说明天下午 3 点前做完。你觉得谁最靠谱？单位越小越可控，放之四海而皆准。

↑ ↑ ↑

以下方法，希望对你（的时薪）有帮助。

1. 养成使用时间管理工具的习惯

比如使用番茄钟 App，其显著点有两个方面：一是倒计时能给人紧迫感；二是了解自己的时间有效利用率。上班族一天工作 8 小时，真正被利用的时间能达 7 成就算不错了，至于 9 成以上更是凤毛麟角。你要做的并不是一味地埋头增加投入时间，最要紧是提高有效利用率。

2. 下班后的规划

人和人的差距大部分是在下班后拉开的。有的人觉得工作一天累得不行，下班了还不能休息？戴尔·卡耐基在《人性的弱点》里说过：我们的疲劳通常不是由于工作本身，而是由于忧虑、紧张和不快。很多人嘴上说自己辛苦工作了一天，但你问他做了什么，他也不见得能说清楚。培养爱好、运动健身、看书学习……深挖其中一项，均有可能成为日后触手可及的宝藏。

3. 尽量避免持续性高强度工作

我知道这点很多人做得堪称完美，但还是要提醒下：不要以为懒散会上瘾，节奏慢或快都可成为惯性。

譬如我有阵子很忙，那段时间我走路和语速都变得很快，下手也特快——打电话时，对方还没说完，我可能手一快就挂了；连去做按摩推背（工伤），理疗师都感觉出来："你等下是不是还要赶去哪里啊？"结果忙完后，过了好一段才恢复正常速度。回头想想，若是当时给自己放空哪怕就半天，没准效率还能事半功倍。

达·芬奇在这方面特别有感悟："偶尔远离你的工作，给自己放松一下；回来的时候，你的判断会变得更准确。要离开一段距离，当你的工作变得愈来愈渺小时，你便可看清它的全部，任何不和谐与不合比例之处也就呼之欲出了。"

马云曾在美国中小企业论坛上表示，30年后人们每天只工作4小时。不管你愿不愿承认，靠批量贩卖工作量而获得丰厚报酬的路子已经逐渐狭窄。

即使彼时你已退休，即使如今你依然领着包月或包年的薪资，**关注自己的单位时间是否值钱，才不至于在看似高薪、实则廉价的虚相中模糊焦点，才可让你的含金量步步提纯，而不仅仅是单薄地镀金。**

"高薪不喜欢"与"低薪很喜欢"的工作，
应该选哪一个？

　　前阵子我的一位 HR 朋友 Emma 去校招，有几位年轻应聘者不约而同地被问到《奇葩说》节目里那个很经典的问题："高薪不喜欢"VS "低薪很喜欢"的工作，选哪个？我问她："应该怎么回答？"她耸了耸肩，笑着说，"这个问题首先有个大前提——你有得选。我见过的大部分情况其实是另外两种：第一、高薪的做不了、低薪的不喜欢；第二、高估了兴趣的快乐，低估了薪资的影响。而且，不少人始终跳不出这两个怪圈。"看着我满脸蒙圈，她讲了两个案例。

Emma 一位叔叔的小孩叫豆豆，读的工商管理，在 3 年前大学毕业。由于学校普通，自己也没什么特长，豆豆一开始在一家小公司做行政助理。Emma 没想到，从此收到的吐槽信息呈指数级增长，而且几乎不带重样，五花八门。"我工资才2000 多，新来的助理工资怎么就拿 3000 元？""那谁谁谁，整天让我帮忙走流程，你说，她是不是看我不爽啊？""有个部门开总结会，让我写会议纪要，这种事应该不算我工作范围吧？""你们 HR 是不是有办法让领导给员工加薪？"

Emma 说，那段时间一提到豆豆，她简直仰天长叹。有这打字发牢骚的功夫，学点儿什么不好？有一天豆豆无意中说她上班浏览招聘网站被上司看到了，应该不会怎么样吧？Emma已经不知道该说什么了。果然，没多久豆豆跳槽了，理由是"做的事情不喜欢，薪资太低"。那次跳槽涨了多少呢？每月多500 块！

大家应该知道，行政助理本来做的事情就挺杂，而豆豆理想中的职场样本，是电视剧《我的前半生》里的唐晶，披荆斩棘、年薪百万，每天穿着高级感十足的职业女装，走起路来气场全开、自带追光灯。对比之下：自己被人呼来喝去，

Excel 报表经常出错，一会儿贴发票、一会儿走单据流程、一会儿整理合同……可问题在于，月薪不高的小助理，到哪里做的事情都差不多。在你没有磨炼出一门比较出彩的技能之前，薪资很难有太大起色。豆豆之后一年跳槽 3 次，薪资涨幅一次比一次小，年末时已经感觉有些跳不动了。理想与现实之间产生巨大鸿沟，她深陷其中。

这个道理不难懂。打个比方：一斤土豆 2 元，就算摆在进口精品超市里，它的价格也不可能变成 2000 元、2 万元，因为价值决定价格。

是否高薪和是否喜欢，这两件事压根没关系，而是看你有没有匹配高薪的能力。

↑↑

再来看 Emma 的高中同学，他在大学念数学系，毕业后去了一家游戏公司做策划。他对历史极其痴迷，别的同事桌面上放的是技术类或管理类书籍，他的桌面摆了一套《中国通史》。用他自己的话说，梦想是"去杂志社当编辑"。下班后，看看历史书籍、给专栏写写稿，偶尔参加线下小社群。就这么个"佛系"的人，两年后在部门表彰会上说了句："我在游戏中，发现了另外一个自我。"

大家都震惊了！说好的研究历史呢？说好的去杂志社当编辑呢？这男人太善变了！"兴趣是可以培养的嘛，"这位小哥之后说，"况且又不是只能有一个兴趣。我现在同样喜欢历史呀，业余中同样有写相关文章呀。"

我相信，很多人在"高薪不喜欢"和"低薪很喜欢"之间犹豫的时候，忽视了它并非是一道非黑即白的单选题，不用非得让兴趣与薪资拼个你死我活。

首先，兴趣不是一成不变的。即便一开始不喜欢，可你用心工作，久而久之，它很可能反哺给你除了工资以外的意外回报。李笑来有句话说到我心坎里——"往往并不是有兴趣才能做好，而是做好了才有兴趣。"其次，哪怕你不喜欢本职，也可以在本职之外让爱好生长。

一天 24 小时，就算除去上班 8 小时、休息 8 小时，不还有 8 小时吗？这个时间容器里，足以兼容许多你原本想不到的东西。

↑↑↑

不少在本职上做得有声有色的人，把爱好也经营得有声有色。

多数人只知道达·芬奇画画厉害，其实，你误会他了——他几乎可称得上一本人体百科全书。他是局部解剖图开创宗师，与医生工作期间绘制了超过200篇画作，解剖了30具不同性别年龄的人体。关于人体比例的作品《维特鲁威人》，实际上是他研究建筑的成果。人体工程学以人的尺寸来设计建筑，这个理念到现代建筑依然沿用。此外，他还尝试造飞机，发明过挖掘机、子母弹、潜水艇等几十种器械，定义了力矩概念，推断出地壳运动，设计并亲自主持修建了运河灌溉工程，设计过桥梁、教堂、城市街道和城市建筑……达·芬奇几乎是一个自带外挂般的存在。

篮球巨星科比参与制作的动画短片，拿下奥斯卡最佳动画短片奖；微信之父张小龙拿下高尔夫球锦标赛冠军；文艺青年韩寒边拿赛车冠军边出新书，顺便成为票房过10亿的电影导演。

将有趣的事做到极致，不仅能赚到钱，甚至能从天而降般地碾压原来赛道上的竞争者。

↑↑↑↑

归根结底，选择什么，得看你有多少筹码让你选。你开车，目标是星辰大海，可只有1升汽油，别说开到海边，估计没几公里就结束了。你玩游戏，目标是打败大 Boss 获得顶级装备，可你一出场还没热身就"挂"在原地。你买房子，目标是市中心、带学区、绿化率高的大户型，可一看账户还不到 5 位数。你说怎么办？没得选择啊！

　　你有多少实力，你的选择半径就有多大。你的目光，不能永远仅盯着选项 A 与选项 B。选项之间往往并不互斥，完全能共存得很好。这世界从来不是你想要什么，就有什么，而是需要拿自己有的资源去兑换想要的一切。有的两败俱伤，有的相得益彰。只要选择权在你手里，又有什么好怕？

如何从工作中找到属于自己的快乐

"要是可以不上班就好了。"——是不是有无数时刻，这句话宛如弹幕般霸屏着你的脑海？最近刷微博时，看到一篇关于不想上班的文章。你恐怕想象不出，每天光鲜靓丽地坐在隔壁工位的同事们，内心分分钟上演着波涛汹涌的大戏。

"作为背着巨额房贷的80后，已经没有权利辞职。再痛苦也要死撑，连死撑都要表现得很努力。"

"在单位就像是个透明人，还一直被同事骂28岁大龄未婚未育。"

"上坟还能痛哭一顿，而上班只能憋着，都快憋出内伤了。"

"上班时间闲到看完《如懿传》《延禧攻略》《琅琊榜》《三生三世》……"

坐在办公室的 8 小时，已带有浓重的被迫色彩。许多人觉得，"赚钱太少"绝对是"被迫"上班的 No.1 理由。可实际上，真正让你一上班就想吐的，恰恰是"只赚到钱"这 4 个字。

↑

你估计听说过，上班 ≠ 工作。在我眼中，二者最大区别有两点：一、上班是站在公司角度，工作是站在个人角度；二、上班是被动的，工作的主旋律是主动的。哪怕做的事情一模一样，你我的感受也可能大相径庭。

一位在小时候和我一起学琴的师姐，毕业后在一家中学做音乐老师，同时兼职培训机构的电子琴老师。坦白讲，她非常不喜欢彼时的上班状态。

在中学，音乐课要么经常被主课占用，要么教一些简单的乐理，得不到太多重视；培训机构里，老板为了多赚钱，要求一个老师上一节课至少带 15 个学生，成效自然好不到哪里去。家长几乎每节课都抱怨："今天你都没教我家小孩多久呢？""怎么两周了小孩连《雪绒花》都不会弹？""你应该对孩子更耐心些啊，都没说几句话……"

每天回到家，她第一件事就是先躺 10 分钟调整心情。

这样上班一年多，师姐开始在家里开培训班，一对一教学，主要辅导考级、带队参加省市乃至全国比赛。以前，准点就下班；现在，一节课 45 分钟，她能免费上到 1 个多小时，帮学员录视频，拆解一个个环节，来回分析、反复训练。她不是不喜欢"教钢琴"这件事，而是不喜欢在某种自己不认可的模式下去做这件事。

上班模式：别人要我这么做，这叫被动接受；工作模式：我要这么做，这叫自我驱动。

强扭的瓜不甜，咬一口，只剩下满嘴苦味。

↑↑

知乎上有个问题被浏览了 3000 多万次："长期不上班是种怎样的体验？"随机看了下回答的人，有一直待在家里的，有职业炒股的，有裸辞后心态经历过山车的，等等。每个人都有选择自己生活方式的权利，只要不影响他人就 OK。但从我角度看，多数人即便不上班，最好也需要一份工作。不说有多大的追求，至少得让现金流足够自己生活。

1．自由职业

由于写作的关系，我认识不少自媒体人和自由撰稿人，还有做糕点、代理商、摄影师、媒介、咨询师等。有单枪匹马的，也有 2~3 人的小型工作室。他们基本上在前期经过一段时间验证，当技能足以变现、人脉资源到位，再转为全职。温饱一般没问题，至于能不能赚更多、是不是更自由，就因人而异了。

2．做小生意

比如开花店、餐饮店、服装店等。我认识的人，有离职后回老家，利用电商帮家里卖鞋子和服饰的；有几个好友一起加盟了一家连锁意大利面店的。有的收入时高时低，不太稳定；也有开张不到 3 个月就关门大吉的。说不上哪些方法比较容易成功，不过有两点通用：第一，别轻易拿全部积蓄做生意；第二，尽量找专业的人合作。

3．斜杠青年

我目前的状态就是如此。除了 IT"产品狗"的身份，我兼职码字、运营公众号、投资传媒公司，偶尔接些产品设计单……最大的感受就是：辛苦在所难免，可心里比从前踏实。很多上班族收入增长极其缓慢（甚至固定），但物价、GDP、房价都在涨，自己的现金却在缩水，再怎么"佛系"，你多去几次菜市场都能意识到这点。多个身份带来的多种收入，某种程度上帮我缓解了一定焦虑。坦白讲，"鸡蛋不要放在同一个篮子里"。抵御风险，必须靠多元化。另一方面，兴趣使然，做些自己喜欢的事情还是蛮幸福的，不至于让日子过于留白，或被工作 100% 塞满。

↑↑↑

"我必须上班，有没有办法不那么痛苦？"当然有。不少小伙伴低估了上班的可控性，潜意识将主动权拱手相让。之前我看稻盛和夫写的《干法》时，一段话印象深刻：

要想度过一个充实的人生，只有两种选择。一种是"从事自己喜欢的工作"，另一种是"让自己喜欢上工作"。能够碰上自己喜欢的工作这种概率，恐怕不足几千分之一、万分之一。与其寻找自己喜欢的工作，不如先喜欢上自己已有的工作，从这里开始。

你可能会以为，这不过是一位成功者随口说几句"鸡汤"罢了。事实上，当时稻盛和夫的处境用"丧"已经形容不过来了。他从小成绩不太好，大学毕业后恰逢日本经济大萧条，就业相当困难。走投无路下，他曾认真地考虑过去当一名"知识型黑社会成员"。好不容易在陶瓷厂找到一份工，工厂濒临倒闭发不出工资，员工士气低落，常常以罢工来宣泄。跟稻盛和夫一起去的 4 个大学生，没多久全辞职了。他心里想：反正这么糟糕了，总不会比这还差吧？姑且先用心做吧。最终，把一个原本被动接受的烂摊子，干成了毕生事业。

认真对待一件事，很可能挖掘出前所未有的兴趣与热情。而不少人的逻辑是：我不喜欢做这个→消极怠慢→越来越不喜欢→一做就想吐。那退一步，你也可以选择更喜欢的地方上班，不是吗？前提是你有的选。

最后我想说的是，工作对普通人而言，或许是最容易实现个人成长的一种姿势，毕竟同时满足物质和精神两个层面的事情也不多。不上班，你也得想办法生存和生活。就算自由职业、创业、做生意，越到后期形成规律，与上班的差别就越小。纯粹为挣钱而工作，你到哪里、做什么，其实感受都差不多，都是勉强而为。

就像一份不合你胃口的早餐。吃，难以下咽；不吃，就会饿死。那么，不管你吃的是什么，绝对都超级难吃。**我们需要从工作中赚到钱，更需要的是从工作中收获或多或少的成就感，体验到更广袤无垠的人间百态。有尊严，有成就，快乐自然触手可及。**

头衔再大，也不如充满实力重要

　　你会因为什么而选择一份工作？答案可能是：岗位名称。我朋友在这几年参加过不少聚会，总结出一条规律：大多数的所谓社交聚会其实没什么意义，面目模糊的一群人说些场面话，来几句"商业互吹"。总之，要不看脸，要不看头衔。听说你是助理，就意味深长地"哦"一声，不管你是不是"一人之下万人之上"的董事长助理。听说你是总监，就忙不迭地恭维起来，不管你是不是美发店的 Tony 美发总监。

　　这几年我也发觉一件事，特别在意头衔的人，往往很难混得好。为什么这么说？

↑

　　前不久，一位读者问我转行做产品经理的事。她原岗位是在一家互联网公司做售后支撑，聊到为什么想换岗位时，她支支吾吾了好半天，之后发来一句话："自己是产品经理，说出去比较好听嘛。"经过追问，原来她眼下面临两个选择：

　　A：售后岗位有个升迁的机会，薪资相对理想。
　　B：朋友开的小公司有个产品岗位，年薪不到 8 万元，做的内容其实依然偏售后。

　　问题是，她朋友的公司是做机械的啊！不同行业的产品经理要求截然不同，你随便看看制造业、金融业、互联网行业的产品岗招聘信息，立马就会发现这点。"而且我了解过了，产品岗位的平均薪资比做支撑的要高，"她突然发来一张薪酬对比图接着说，"不瞒你说，我打算先镀镀金，后面再成为真正的产品经理。不然我啥也不懂，转行不现实呀。"我有些哭笑不得。

　　在转行这件事上，她盯着的是头衔上若隐若现的光亮，忽视了剥开这层脆弱的镀金外壳后，工作的本质并未发生多少变化。"先敬罗衣后敬人",这话放到现在仍旧成立。

我同学感慨,他以前公司招海外客服,月薪 1 万元左右,投简历的人寥寥无几。后来老板想了一招,把"客服"改为"专员",情况明显好转。这种一叶障目的状态,让人错过许多比头衔重要百倍的东西。

↑↑

头衔如标签,但坦白讲,我不认为这种外在的东西是什么贬义词,只不过有段位之分。它是一个从加法到减法的过程。

第一阶段:贴上标签

你发现没?随便看看微博,跳出的新闻里都塞满了形形色色的明星人设。比如,女明星剪短发就是"帅气",穿上西装就是"总攻",放上食物的照片就自称"吃货"。男明星人设热衷知识分子、学霸、大叔、奶爸……似乎没有人设就很难立足。这种做法,不能说它不对。茫茫人海,每天新人辈出,你靠什么在人们脑海中占有一席之地?贴上标签,可在短时间内得到匹配的资源。

职场同样如此。一聊到工作,别人自然会问:"你是做什么的?"一个能毫不迟疑说出口的头衔,无疑是个印象加分项。

你去面试时，对方通常也会让你用几句话介绍下自己。在初期，你的确能受益于它。

第二阶段：撕掉标签

这里有两层意思：一是简化过多的头衔；二是不囿于头衔。

一个人的内在越空虚，越渴望用表面功夫加持自己。鲁迅有句名言：面具戴太久，就会长到脸上，再想揭下来，除非伤筋动骨扒皮。头衔也好，要求也罢，皆是如此。拥有得久了，你就舍不得放手，于是始终停留在原地渐入疲态。既不敢松手，也不敢尝试其他选项。

之前我看了一档相亲节目。一位男生一上来就列出找对象的条件，从身高、工资、年龄到定居在哪里，家庭是什么样的，甚至连发型都有要求，一切都安排得明明白白。他坚定地认为，这就是自己想要的理想型。主持人说了句话特别在理："这么多的条条框框，最终只会把你困死。"

他把若干个标签堆砌出一个宛如为他量身打造的理想对象，殊不知，世上很可能不存在这样的女孩。即便有，女孩凭什么选择你？很多东西看似有所追求，实则是藤蔓密布的束缚，捆绑住了你的想法、你的喜好，亦捆绑住了你未来的可能性。

↑↑↑

　　相比于堆砌标签，更糟糕的情况是：用标签包装自己，却无力撑起标签。自诩CTO，连最简单的技术方案都看不懂；自诩中层管理，连手下仅有的一个员工都管不清楚；自诩一线知名演员，连喜怒哀乐都表现得一言难尽。有一个追星的朋友说，大家之所以觉得"流量咖"是个贬义词，不是因为艺人的流量大，而是他们实力与流量过于悬殊。你看王菲、章子怡同样自带话题，有人说她们是流量咖吗？并没有。

　　回头看那位想转行做产品经理的姑娘。她最大的问题在于，她转行的目的仅仅是利用头衔镀金，哪怕干的是几乎一样的工作。钱钟书先生说，不实之名，如不义之财。对有的人来说，每张标签都是一个徽章，需要倾尽无数心力才能做出些许成绩，它们名副其实。对另一些人来说，每张标签不过是便利贴，只能短暂地停留，风一吹就如过眼云烟——它们名不副实。

↑↑↑↑

　　最后我想说，炫标签，不如炫成果来得实在。这个世界有一点很公平，越容易到手的东西，越不值钱。你可以把林林总总的名头挂满一身，别人同样可以啊！这不就是嘴皮子一动的事情么？

而成果不同，它是客观存在的，没有任何人能拿走的，甚至足以伴随你一生。何况，你的注意力在哪儿，能量就在哪儿。**一个人过于在意表面的身份，无形中消耗了本可用于修炼自我的精力**。人这一生，会拥有许多不同的身份，它们随着我们的成长而不断变化。真正厉害的人，不会在乎变幻虚无的标签。因为他们知道，只要经营好自己，一切便不会失去。

这行业不行？可能只是你能力不行

　　你有没有发现，有一句高频出现的"甩锅"金句叫"这行业不行"。我最近一次听到这句话，来自一位在 5 年里换了 6 份工作的人。刚转行线上服务业的他，滔滔不绝地举了许多例子："你看以前纸媒多风光？报社广告费动辄上千万元。"

　　现在他会说："前两年共享单车多火啊，没多久就缩水得一塌糊涂。共享经济一转眼就萧条了。""我以前的邻居做汽配，累死累活没几个钱，制造业能有什么前途？"……

这年头无数文章不厌其烦地教导你，不是你不行，是你的行业不行。好像只要换赛道，按下"Restart"（重新开始）按键，就能扶摇直上一样。

哪来什么一马平川的"躺赢"行业啊，多少号称月薪2万元的工作，还不照样被人轻而易举地做成月薪2000元？

↑

踏入行业，不过是个起点。没有什么"好的行业"能一直长青，真正点亮前程的是你自身的工作能力与态度。我有个远房亲戚，前几年在房地产公司做营销策划。她团队所负责的项目，每平方均价接近10万元，这价格别说在二线城市，就算在一线城市也算高端住宅。房地产过去5年，堪称史无前例的黄金时代。

市场如火如荼，亲戚却大吐苦水："策划方案改了3版，真受不了！""活动那么多，忘记通知一个合作方有什么大不了？""营销活动结束后居然还要提交总结，以为我们有多闲啊？！"

没几年，乘着东风的房市，又开始跌回谷底。房地产公司人员缩减，上司开门见山地给考核长期垫底的亲戚两个选择：

- 留在原岗位，只有基本工资和微乎其微的奖金；

- 转行政岗，虽降薪但收入至少不那么难看。

亲戚愤懑难平，最终不得不选了后者：成了 20 余人团队里唯一"被转岗"的人。潮水退去才知道谁在裸泳。行业浪潮此起彼伏，潮起时，行业里的人再怎么良莠不齐都能风光无限；潮落时，第一时间洗刷掉的就是价值注水、满身虚高泡沫的人。

↑↑

同个行业里，顶尖的人都相似，出局的人各有各的姿势。没热情、不动脑、缺态度、不专业……你不会想到，最初背景和薪资差不多招聘来的人，往往会走向迥然不同的两条路。

电商公司的前同事 R 小姐，挺有感触地说过一件事。曾聘来两位运营助理，悠悠和小芒分别负责两个平台的运营数据分析。没两个月，两人的差距逐渐浮现。悠悠做得中规中矩，永远是"三部曲"式工作：后台取数据放进表格、进行各项合计比较今昨两日数据的增加或减少比例。小芒一开始先按照主管交代的做，几次后，她提交的内容逐渐多起来，包括一些领导没要求的范围。

比如，什么商品上架销售速度最快、哪种品类卖得最好、每天峰值出现在哪几个时间段……某天，小芒发给领导一份针对类型细分的用户画像，领导喜出望外之余，特意开了一节内部课让她分享自己整理运营数据的心得。

转眼半年过去，R小姐至今对悠悠写在半年总结中的一句话记忆犹新："工作没有挑战性，无法发挥个人价值。"这句话果然引起领导重视——公司正准备使用新的货品管理系统，悠悠做的一切几乎可由代码实现，而且更高效、更准确、更不费力。一步步边缘化的悠悠，不到一年就离职了。悠悠所在的行业和岗位都不错，公司发展得也有声有色，可"无脑"被动的工作方式硬生生地把她弄废了。

↑↑↑

有人总喜欢问，能力重要还是态度重要？行业重要还是岗位重要？都重要！有能力没态度或是没能力有态度，不都会把事情搞砸么？行业再向阳、岗位名头再响亮，个人没有长板便无法立足。日本动画大师川尻善昭在《X战记》中说："人只会看到自己想看见的东西，只相信自己希望相信的东西。"

一看到谁在 A 行业风生水起，在 B 行业平步青云，在 C 行业吃香喝辣，便懊恼地一拍大腿，说："我就是选错行了啊！不然我也可以'开挂'了！"无论哪个行业，站在金字塔尖人的都不超过 10%。你看到别人拥有令人艳羡的一切，背后都有无数项你看不到的因素，包括别人的天赋、汗水、蜕变、机遇等等。

↑↑↑↑

必须承认，春光明媚的领域，肯定比秋风瑟瑟之地有希望得多。但于你而言，这个领域就像一张空白支票，能写多少数字，笔终究握在自己手中。你可能硕果累累，也可能空手而归。决定性的一笔，只能由你亲手写下。

更何况，"甩锅"没有一点用。如果你打从心里觉得，周围同事都很差劲，那请先想想自己是怎么进入该岗位的，又为何依然一把眼泪一把鼻涕地待着？为何不换个思维呢？

转换思维 1：使用"多选解题模式"

得心应手的事，最好别做太久。就算做同一件事，也请试着用新方法或不同方法解决。前几天组里一个程序员说："这逻辑我以前都这么写！"项目经理毫不客气地回了句："写算法也有高效和垃圾之分，你打算就这种水平一直写下去？就不动脑想想能不能更好？"

确实如此——更多解题思路，就意味着视野半径愈发广阔。

转换思维 2：定个小计划

每周跑一次步、每天学 10 个单词、每月看一本书，稍微定个小目标，自己的精气神都将焕然一新。我从来不相信以顺其自然的态度能将事情做到多么可圈可点。当然，99% 的人抱着"大家都是这样啊""差不多就行了"的念头，这很正常，但如果你想成为那 1%，拥有主动性和目标感都是必要条件。

能乘坐高大上的行业快车，固然是好事，但如果没找到自己的位置，就容易在渐行渐远中彻底迷失自己，说不定哪天便会猛然惊觉："这车往哪儿开啊？我到底要去哪儿啊？"最关键的永远是人。你还年轻，气象万千，别做垮了。

当青春与热情日渐流逝，如何找回好的工作状态

　　每年都有几个关键词，时不时地像电脑弹窗一样跳到眼前：中年、30 岁、焦虑。可至少 8 成的信息，让人看得垂头丧气：36 岁收费站大姐除了收费啥也不会、中兴 42 岁员工跳楼身亡、华为裁员 34 岁以上员工、高德地图部门负责人 39 岁离职后失业 8 个月才找到工作。

　　年纪大就不值钱了？地球永远属于年轻人？怎么办，这样一想感觉要完蛋了，踏入 25 岁中年分水岭后赶快心疼地抱住自己蹲墙角哭吧。

你看看新闻，雷军 41 岁才创办小米，前阵子 50 岁的他还在学跳舞呢；你再看看电视，至今每条广告还亲自配音的董小姐，在 36 岁时，这位单亲妈妈才带着儿子南下打工。谁说"丧"是 30 岁后的主旋律？投资式视角告诉你：很多困境，并不是年纪的问题。

↑

在我眼中，投资的本质是资源的匹配置换。个人发展同样如此，要保持最佳状态，你必须让"软硬件匹配"。

我在第一家公司任职时，同批进来一位 22 岁的毕业生和一位 34 岁老资历运维人员（姑且叫他们小毕和小资），两人负责管理服务器，小毕月薪 2500 千元，小资月薪 6000 元。小毕挺好学，他每天 9 点上班，23 点下班，即便不加班也待在公司自学各种开发语言、项目管理等。在这里说一下服务器运维的日常工作：支撑人员需要 24 小时负责几百甚至上千台服务器，系统部署监测时一旦发出警告短信，就算相关人员正在家里睡觉也得立马起来处理，这算是苦力活。

两年之后，小毕到一家 30 多人的在线旅游公司，成为技术小主管；36 岁的小资兜兜转转几番跳槽后继续做运维。小毕因为有一定开发能力，人也活得通透，现已在国内某顶尖互联网公司的 P7（技术专家）岗。小资在几次跳槽后的月薪，基本没超过 1 万元，依然是"资深运维人员"，上个月还在群里吐槽他们部门不到 30 岁的经理，工资又高技术又烂。小资似乎在跑偏的路上渐行渐远……

这世界不是比谁做一件事做得久，谁就厉害。没有任何一个优势是永恒的，年轻也是如此。

鲜衣怒马少年时，有的是体力、精力、干劲、时间，这时就得把优势发挥到极致。行至半坡，以上优势通通缩水，你再以"青年模式"套用在中老年身体上，继续与年轻人拼体力、拼加班、拼学习能力，简直是活生生的"系统与硬件不兼容"啊。

↑↑

如《奇葩说》的辩手马薇薇所言，自卑不是来自你的缺点，而是来自你没有足以对抗的优点。每个阶段都有珍贵的当下，中年相比年轻的优势，显然有三处。

1. 有钱

小李子在电影《华尔街之狼》里演讲的那句台词振聋

发聩：我希望你们通过变得有钱来解决你们遇到的问题。没错，钱不是万能的，但有钱确实可以解决我们至少 8 成以上的问题。

有朋友开玩笑问："如果有时光机，让你重回 10 年前你愿意吗？"我才不要！

那时我有什么呢？一个"土肥圆"的穷酸学生，在寒风中流着鼻涕，宁可走路半个多小时也舍不得打车。别说 10 年前，哪怕时光倒退 5 年，当下和过去相比，最显著的优势很可能就是比年轻时有钱。

投资、买房、创业、入股、做些小生意……把收入结构从主动型尽量转为被动型，所以，倒推回去，在 20 多岁要重点做什么？——好好挣钱积累筹码，它将是避免沦为"懒丧穷"活标本的关键。

2．有资源

至少有 4 种资源：物质资源、行业资源、人脉资源、知识资源。物质资源刚才已经说了，直接看后 3 个。

行业资源：每个人工作了几年肯定对某个行业有充分的了解，对各个环节、参与角色、可能会出现什么问题、哪些地方有机会，可谓了如指掌。此时的经验值，绝非是你作为小白时可相提并论的。

人脉资源：我周围不少跳槽或创业的同事、同学，都是在熟人的引荐下或与过去的合作伙伴二次联手。可用的人脉（非朋友圈点赞之交）很可能带给你意想不到的机会。

知识资源：信息和经验不断输入沉淀，知识体系愈发完整强大，足以对外输出成为别人所需的知识资源。

除了抬头纹、大肚腩、体检报告亮红灯，最令人害怕的是，一摊手空空如也，面对各种调侃只能负隅顽抗。

3. 有心智

初入社会碰到些刮风下雨，便以为那是人生中的大风大浪。走的路多了，看待问题自然长远深刻。至少，理性掉线的概率大大降低。就算有时冲动，日趋增加的体重也会告诉你：做人呐，要稳重。以前说一是一，如今举一反三，相比"愣头青"时的自己，现在就算摔倒也懂得用手撑地，而不是直愣愣撞破头。

欲望与能力和睦共处，甚至相得益彰，自己要懂得俯瞰而不仅仅平视问题。"缺点和缺陷，如果一一去数，势将没完没了。可是优点肯定也有一些。我们只能凭着手头现有的东西，去面对世界。"不知道村上春树是否在跑步至半坡时，内心才有了此番感慨。

↑↑↑

　　有的人 30 岁后，进入硕果累累的丰收时节；有的人却随着时间流逝，少年气息消弭，颓废爬满黯淡的面孔。**人生是一场漫长的投资，四季更替，无论行至何处，顺势而为，好好利用此刻拥有的一切，就会让脚步从容几分。**

拉开同龄人差距的关键，在于"主动"二字

　　微信公众号的后台有读者问："临公子，我刚毕业，有没有什么快速在职场上出彩的办法？"这个问题蛮有意思。人生快车道，谁都想得到。我不由地想起前阵子去找朋友时遇到的一件事。

↑

　　我在朋友公司楼下的小餐饮店等餐间隙，隔壁桌有 3 位实习生模样的小朋友在闲聊，引起了我的注意。姑且称他们为

小 A、小 B 和小 C 吧。

"你知道今天黄姐让我做什么吗？"小 A 有些委屈地说，"帮她写个议程小结，居然还说我写得不好、没重点。"

小 B 颇有同感："你那算什么，昨天领导还让我去安排团建活动，可我是运营岗位啊。"

"对了，你最近在做什么？"A 转过头问正吃着拉面的小 C。小 C 一边乐呵呵地啜着汤一边说："其实琐事也很多啊，整理分发会议纪要、找人修理打印机什么的。我上个月也做过团建，有个旅行社的路线特别适合，同事们都挺满意……"

这下 A 和 B 坐不住了，纷纷说 C 傻气，干这种吃力不讨好的活儿。

你发现没，这 3 个人基本代表了 3 类状态：不想做、要我做、我去做。我们常说，毕业后的 5 年内，最容易拉开同龄人之间的差距。这些差距不是什么技能、资源导致的，而在于两个字：主动。

颜如晶曾在《奇葩说》节目里说：连毛毛虫都不想做，肯定不会有做花蝴蝶的一天。我觉得这句话可以这样说：连分外事都不想做，肯定不会有飞上枝头的一天。

↑↑

本职工作繁多的我，从去年开始，便找助理帮我处理部分公众号事务。1号助理换工作后越来越忙，后来出现了2号小助理笑笑，她是一名大二学生。老实说，她真让我越用越后悔——后悔没早遇见啊！除了把我交代的事情做得井井有条，还时常带来"惊喜"。举几个例子。

比如，她还没帮我处理排版工作时，就主动推荐给我一款特别好用的插件，方便看更多数据；我问她会不会简单的PS，她说："不会，不过我可以马上去学。"从下载软件到学习如何使用，再到给我符合要求的封面图，前后仅一天。我有次随口问她："你对我们公众号有没有什么建议呢？"过了几天，她发来详细的分点建议和运营数据，还主动把互推文案序号这样的小细节优化了。

如你所料，这位助理做的事情越来越多，短短半年，她的薪酬也翻了几倍。许多事情，我会先询问助理的意见；我和助理之间，不像雇佣关系，而是合作关系。为什么？因为她会主动思考、主动沟通、主动执行，这意味着她愿意付出、愿意承担，而这态度对年轻人的进阶之路，无疑是个巨大的加分项。

你只有以实际行动争取到更多机会，才有可能抓住机会，步入快车道。

↑↑↑

估计有人会说："我认真做好分内的事难道有错？大家各自有分工，我手伸太长也不好吧？"我认为，如果你想更快脱颖而出，就必须拿出"做好分内事，多做分外事"的姿态。

我以前的领导，当他还是主管时，碰上一个对公司来说非常重要的项目。当时的领导特意抽调了七八个人组成一个项目组，这是一个从学历到资历都闪闪发光的小组，每个人都担任过要职，堪称黄金阵容。可到协作时，问题层出不穷：一会有人说某环节应该 A 负责，一会 B 说流程没制定清楚，一会 C 说自己只做原定内容就行。明明每个人都是精英，凑在一起竟成了一盘散沙。因为大家都觉得分外事应该别人做。

事实上，这恰好说明了心理学里一个概念——旁观者效应。旁观者数量越多，任何一个旁观者提供帮助的可能性就越少。即便他们采取反应，时间也将延迟。抱着"各人自扫门前雪"的想法，不仅团队很难办成事，自己也很难实现价值，更别提加薪升职了。

聪明的人，把工作当作展示价值的舞台；糊涂的人，把公司当作拿钱办事的工地。

↑↑↑↑

我曾在网络上看到一个故事。

一位学者去商城买东西时，顺便去拜访在商场工作的两位朋友。这两位朋友同时进入这家大商场做销售员，如今，一位是商场的业务主管，另一位还是销售员。叙旧后，两个朋友一起送她到电梯口。这时，做业务主管的朋友发现墙上贴的商场通知单没粘牢，快掉了。做销售员的朋友说："掉就掉吧，也不关你的事。"但是那位做主管的朋友还是把通知单先揭了下来，说："一会儿我再粘好。"学者突然明白，为什么他们一位是管理者，另一位却依旧是普通员工。

前者想的是怎么做对公司有利；后者想的是这事归不归我管。以前人家说"本分"是句夸人的话，而现在，这两个字简直就是骂人的话。如果你不主动去做盘子以外的事，到后来，事情一件一件都被别人做完了，你盘子里的奶酪只能越来越小。

↑↑↑↑↑

不少人混职场，走的是"多做多错、少做少错、不做不错"的路子。看过去挺机灵，但问题出在哪里呢？

第一，你损失的，是自我提升的契机。佐佐木常夫在《坚强工作，温柔生活》中说，现在的职场并非是最后的职场，请磨炼出一些即使跳槽到其他公司也能通用的技能。老板让你做 3 件事，你就做 3 件事，假如哪天老板想让你做 10 件事，并愿意慷慨加薪，但你只好说："抱歉，我不会。"

第二，扛风险的人，才最可能吃肉。经济学里有个说法，叫"盈亏同源"。这是什么意思呢？比如购买股票、期货等波动性资产，行情不如意时，资产可能瞬间缩水 20%、30% 甚至更多；行情好时万山红遍，开心得让人合不拢嘴。风险越大，收益越高，这是金融世界里亘古不变的规律。做了，固然有亏损的可能性，但如果你想取得超额收益，就得学会扛风险。

真正优秀的人，都是懂得主动出击的勇者。你会看到他们无论在最细微的日常，还是最危急的时刻，永远是那个向前走一步的人。我从不相信有被动等待来的好运。被动与失败，本是相互滋养的共生体。一个人从不想多做分外事的那一刻起，就已丢失了通往新世界的门票。

行业饱和了，还值得进入吗？

近几年，许多人对就业不看好，对工作失去信心，感慨选错行业后的转行代价太大。

我朋友的弟弟去年高考，填报专业时家人希望他选计算机类，他忧心忡忡地说："网上都说计算机专业在市场上已经饱和了，听说不少程序员都找不到工作，不知道5年、10年之后，这岗位会不会消失啊？"这话有几分耳熟，就像我当年选择电子信息工程专业时听到的一样。

必须承认，时代斗转星移，行业朝夕更替，但人们对"找不到工作"这件事依然有所误解。

　　知乎上有个问题：中国的程序员是否过多了？实际上这问题我几乎每年都能看见好几次。早在 2000 年左右，当时美国互联网泡沫破裂，就有无数人说"别学计算机，饱和了"。可现实是怎样的呢？我一毕业就进入互联网行业，无论是上市互联网公司还是国企，对程序员的招聘这么多年几乎没间断过。

　　不止程序员，许多看起来饱和的岗位其实只是"看起来"。有一次我分享了一门产品经理课程，有一位读者留言："产品经理已经烂大街了，现在去做为时已晚。"另外一位读者在后台发了大段文字，讲述了他作为产品岗是如何被裁员的，感慨行业岗位萎缩，想试试运营岗。

　　心理学中有个名词，叫"投射效应"，是指人们倾向于按照自己的感受投射到外界，以自己为标准去衡量。

　　用个人经历代替行业趋势，用主观判断代替客观现状。无数人说 IT 行业不景气，忽视了层出不穷的互联网新职业；无数人说新媒体大势已去，但哪怕做副业也能月入过万的比比皆是；无数人说制造业已成夕阳产业，忽视了它们逐步转型智能化方向……

　　人的想法总是个性化的，一旦面临失业，哪怕统计数字再辉煌也温暖不了他。正因为如此,我们容易陷入一叶障目的困局中。就拿"程序员是否饱和"来说,我特别认同一位知乎网友的答案:专业的程序员供不应求,凑数的程序员供大于求。有时候可能只是你不行,而不是行业不行。

↑↑

前阵子,由 Netflix(网飞)拍摄的纪录片《美国工厂》火了,讲的是中国玻璃大王曹德旺到美国俄亥俄州去建工厂的故事,其中一幕是:一位勤恳的老工人在美国福耀玻璃工作两年后,被解雇了。理由是他操作电脑的速度太慢,无法跟上生产节奏。很有意思的是,我有两位朋友看过后,两人的体会截然不同。

朋友 A 得意地说:"这就是智能科技的价值啊。降低成本,提高生产效率,这年头谁还愿意靠大量人工去处理工作呢?"

朋友 B 有些唏嘘地感慨:"我们这种敲代码的,说白了就是键盘流水工,说不定被这么开除也是不远的事了。"

危机,是 B 眼中的危,却是 A 眼中的机。我听过很多关于×× 岗位饱和的吐槽。不可否认,有小部分岗位确实进入供需瓶颈期,但它们对人才的需求并非停止,而是开始切换方向。

松下幸之助曾说："商业没有所谓的景气与不景气，无论什么情况，非赚钱不可。"我对此深以为然。经济不好，生意还是要做；行业不行，就要想办法破局；饭碗端不稳，就得采取措施牢牢抓住饭碗。你最该考虑的是以下几点：

第一，该行业的门槛够不够高？如果门槛低到谁都可以做，无挑战无变化，难免出现恶性竞争或岗位价值日益式微（收费站 36 岁大姐失业，就是个典型例子）。

第二，你的核心竞争力在哪里？同样的岗位，不同人的水平可以相差非常大。公司和客户为什么要选择你？你能提供哪些特殊价值？核心竞争力是你的护城河，也是你安身立命的东西。

一个机遇的含金量，从来不是取决于它本身，而是取决于你有多少筹码把握好它。

↑↑↑

坦白讲，许多人骨子里害怕变化和竞争，其实大可不必。一来，害怕并没有什么用；二来，变化越快，组合要素便增加了，意味着新的工作机会越多。

就像传统媒体与新媒体，10 年前连"新媒体"这 3 个字都没问世，可如今已成为全面覆盖人们生活的事物。曾经从事纸媒行业的人，开始新模式转型；曾经写书、写博客的作者，转移到公众号和微博，以另外一种形式继续写作。

比如外卖和网约车。大概 5 年前，网约车刚出现没多久，我所在城市有大量的出租车司机到交通运输部门集体抗议，要求针对网约车采取限制措施。5 年后——我们有了网络代驾、共享自行车、共享汽车……以及积累的大量语音、图像、场景感知、地图、安全出行等数据，而且相关技术服务开始迁移至城市交通、物流、金融等多领域。当初谁又能想到，一个网约车技术能发展衍生出如此多的环节和岗位？

再回头看很多人担心的，计算机行业有没有可能遇到市场饱和的情况？至少目前来看，可能性极小。我们国家的人工智能、云计算机、大数据等技术快速发展，IT 领域需要的专业人才持续增加，尤其是高质量人才和新职业人才的缺口很大。

人社部等官方在去年联合发布了 13 个平均年薪 25 万的新职业，就有 100 万以上的市场缺口，它们都是以计算机为基础，从而生根发芽的新领域。查理·芒格说得很对，一定要习惯反过来想事情。所以你发现没，当行业激烈变化时，恰恰是机会最多的时候；大环境不好时，恰恰是优质人才出头的时候。

↑↑↑↑

　　我的一位从事 Java 开发的年轻同事，其工作水平一般。上周他和我聊天时无意中说："还是 UI 设计师工资高啊，我最近也在学 PS，看看以后有机会是不是可以转行。"

　　我心中很是困惑，开发水平不行，应该先想办法提高技能而不是跑去学 UI 啊！第一职业才刚起步，做得摇摇欲坠，就算学再多别的功夫又怎么可能让你出人头地呢？

　　公司雇用你，永远是看你最拿得出手的职业水平，而非学了多少不成熟的技能。不少人过于强调外界，而忽视了自己。行业是否饱和从来不是关键，关键的还是人。

　　有的人认为，行业工资太低、发展缓慢，焦虑之下频繁跳槽转行，最终在眼花缭乱的新闻和起伏不定的工资数字中迷失了自己。也有人认为，技术只是让人换了一种工作方式，消褪旧的，新的来临，工作变得更有趣、更有潜力，于是努力加快脚步跟上，尽力让工作价值不褪色。

　　工作有两个部分：主观和客观。客观部分不会迁就你，该来的、该变化的，都将一一发生。而人的主观则是更重要的部分，你需要知道别人眼下需要什么、你能提供什么，方可站稳脚跟。

　　最后我想说，不安全感是常态，适度焦虑也是常态，只是，希望我们都能积极地跑起来，别做那个脆弱的人。

上班"996"，到底应不应该？

托某位互联网大咖的福，有阵子我的朋友圈热衷于讨论"996"工作制。按照正常逻辑，我作为一名上班族，应该果断地高举反对大旗，不然肯定有人质疑：你干着员工的活儿，还好意思站在老板立场剥削自己人？

我的观点很简单，这事没有对错，只有立场。我个人的工作状态不止"996"，但我反对上班"996"。

很多人一上来就将格局铺得很大，一会说资产阶级、劳动阶级，一会说员工角度，一会说老板角度，这种"站队式"想法其实意义不大，因为立场早已决定了观点。思考的过程，远比结论重要。希望你们看完以下内容后，能有所收获。

↑

2019 年初国家正式实施了"房租抵扣个税"，当时有篇标题为《房东跟租客说：你要是申报租房抵扣个税，房子就不租给你了》的文章广为流传，不少专家进行了广泛地分析。

最一针见血的，我认为是作家连岳说的这句话："只要你害怕租不到房子，房东就比你厉害。"为什么我突然提到这个观点？讲客观环境时，经济学的视角往往相对中立。是的，只要供需关系存在，无论法律、政策如何，现状都很难有根本性改变。

从事互联网行业多年，我早已对"隐形加班人口"这一说法深有体会，但目力所及，真正反对加班、反对"996"的人，寥寥无几。

只要你害怕找不到工作，就不得不接受公司的"996"制度。不管你心里怎么想，不管你转发了多少篇抨击"996"的内容到朋友圈，现状依然存在。好公司和好岗位永远供不应求，走了一个人立马有成千上万人扑上来。多数人还只能等着好工作选择自己，而无法任凭自己去挑选好工作。

↑↑

我的工作偏项目制，事情多的时候忙到凌晨三四点，事情少的时候就准时下班。有阵子赶项目连续加班几个月，上司继而要求团队固定加班，我只好直接找上司摊牌，情真意切、软硬兼施地谈了好久。好在领导对我还算认可，又看我几乎都能在工作时间交付出满意的成果，也就没再强求。

在我眼中，大部分的"996"上班制，不过是老板们的大型自我臆想。

第一，形式主义，管理低效

我曾问过一位每天晚上 10 点后下班的朋友："你们工作量真有那么大吗？"他说："没有啊，我们晚上都开会。白天上班时看新闻，消磨时光，晚饭后大家聚在一起谈天说地（美其名曰"开会"），然后打卡，随手发个朋友圈，下班。"你能想象么，"996"实施后，他们团队的工作进度还不如之前"8×5"（每天工作 8 小时，双休），甚至有了句口头禅："不着急，我晚上再做。"

长时间的劳作，从不意味着提高工作效率。除了人为因素，还有身体因素。开会通常只有前30分钟能聚精会神，做一件事通常只能保持1~2小时专注，越往后，效率越低下。这样的工时制度，连上世纪流水线的工人都懂得"磨洋工"，何况现代的社会人了。

第二，平衡难以保持

哪怕你打算"以身许司"，哪怕你肯拍胸脯说"我24×7（全天工作，无休）没问题"，但生而为人，要想尝到幸福的甜头，注定要学习保持平衡这门必修课。可口可乐前CEO布赖恩·戴森有过一段名为《生命中的5个球》演讲：

我们每个人都像小丑，玩着5个球，分别是你的工作、健康、家庭、朋友、灵魂。这5个球只有一个是用橡胶做的，掉下去会弹起来，那就是工作。另外4个球都是用玻璃做的，掉了就碎了。

一两天过去了，你觉得没事，一两个月过去了，你也觉得可承受，直到有一天，其中一个玻璃球落地破碎，你对着满地玻璃碴才知道什么叫追悔莫及。

无论对公司或个人而言，"可持续"都是相对健康的成长方式。公司固然可以选择在员工拼不动或"不可持续"时，换个年轻力壮的新人，只是，还会有谁愿意忠诚地为公司工作呢？

↑↑↑

我自己的工作状态，其实不止"996"。一般情况下，我下班后每天晚上 8 点开始码字、看书、处理公众号以及其他事务。回想起来，我上一次全天休息已经是去年春节的事了。朋友问我要不要彻底放松几天，我说这样挺好的。朋友总投来不相信的眼神。

但你说我是工作狂，也不太合适。毕竟我也有看电影、与朋友吃饭、聊天的时间。我能长期处于这个状态，原因有两点。

首先，这种工作节奏对我来说是合适的。疲惫的时候我会周末放空小半天、多睡一会儿，然后做些不太费脑的事，不至于让自己长时间处于箭在弦上的紧绷感。其次，我是为自己而做。为什么我工作"996"没问题，上班"996"就不行？

"上班"这两个字本身带有被动色彩，即便有归属感和成就感，主色调依旧是暗淡的雇佣制。我认识一位自由职业者，他自称是懒人，原先"朝九晚五"，偶尔加班就暴跳如雷。辞职做生意后，"懒癌"不治而愈，与客户聊到深夜 3 点还能隔天一大早起来看报表。辛苦，却乐在其中，价值感远超从前。这种动力，来源于底层的满足感，它是强制"996"没办法做到的。

↑↑↑↑

坦白讲，"996"最让人诟病的地方，是无法让员工觉得"值得"。华为每年都有外派到非洲的员工，虽然工作环境非常恶劣，但常驻人员的薪酬加补助每年超过100万，报名的人很多，因为员工认为值得。

蒙牛前总裁牛根生说："财聚人散，财散人聚。"实际上，任正非和马云都是愿意和员工一起持股，一起奋斗的人，当员工拿到分红时自然感受到辛苦是值得的。许多大公司之所以能留得住人，就是通过各种方式，让员工为眼下这份工作贴上"值得"的标签。

至于"996"与奋斗有什么关系？答案很明显：没关系。去翻翻汉语词典就知道，里面注明："奋斗"是指为达到一定目的而努力。最关键的词不是"努力"，而是"达到一定目的"。只有努力，没有成果和回报，那叫白干。

对于个人来说，讨论"996"最大的意义在于，思考如何

让自己以及自己做的事更有价值。高举拳头反对"996"中的不少人，其实只是突然发觉自己刷手机、打游戏的时间变少了，于是坐不住了。即便取消"996"，这些人无外乎就是躺在沙发上多开心一会罢了。

与其讨论互联网大咖们是怎么想的，不如多想想自己在如此局面下有没有更好的生存之道。

"996"的确加重了人们的负担，但更可悲的是，你除了"996"别无选择。请记得：这世界上 99% 的公平与规则，是为强者而服务。

第 2 章

下班后的 4 小时，
是拉开彼此差距的战场

副业能给我们带来什么？绝对不仅仅是钱

　　前面我说了一个观点：我可以工作"996"，但上班"996"不行。可能会有人问："这不是一回事么？你不就是拿加班时间做副业吗？说白了这叫不务正业。"这想法应该不算少数。

　　首先，"不务正业"是指丢下本职工作而去折腾其他事情。我自认本职水平不算太差，职位已经是部门女性中最高级别，近5年拿了4次年度个人表彰和1次优秀团队奖。但与此同时，我发现天花板近在眼前。这两三年，我多了若干个身份，认识和想法发生剧烈动荡，曾经笃定的观念如今被颠覆，曾经不屑的行为如今觉得很有道理。

其中就包括副业这件事。我现在可以推心置腹地说：如果你想在财富或成长上有所突破，副业是个高权重加分项。为什么？

↑

拿加班时间去做副业，你难道就不能好好上班？实际上，做副业，何尝不是一种加班？而它往往还是一种性价比更高的加班。

作为前"加班俱乐部"的一员，我对加班最深恶痛绝的时刻，不是在凌晨三四点的电脑前，而是在发现它带来的回报远低于付出时。

我朋友说他公司最近给员工加了不少福利，开始有加班费了。我问加班费多少，"每小时 30 元，"他有些兴奋，"对了，还有晚餐补贴，算下来加班一晚上有 100 多元呢。"有加班费肯定是好事，但要知道，连家政服务的钟点工都不止每小时 30 元了，何况软件开发这样的高收入群体。

看起来钱是多了，其实是以极低的价格买走了你的下班时间。好好加班，究竟有没有可能换来理想回报？理论上确实有，概率上非常小。

除非你在创业或是处于一个创业团队，有明显的上升空间让你的时间产生高溢价，不然，都是在靠劳动力赚钱——俗称"搬砖"。

↑↑

个人也好，企业也罢，若想长远地活下去，复合型的生存能力是必备品。简言之，你要有 B 计划、C 计划甚至 D 计划……

我们都知道，麦当劳是一家汉堡快餐连锁店，可麦当劳创始人克罗格说："很多人以为我是做汉堡的，其实我是做房地产的。"麦当劳门店所选的位置，不管哪个城市，基本都是市中心的黄金位置。他们甚至有专业的选址分析团队，分析高潜力值的低端地段，然后低价买入，坐等商铺升值。另外，餐厅加盟费也是他们的重要收入来源。从麦当劳的财报来看，营收利润分布为：50% 来自地产出租；40% 来自品牌授权；只有 10% 来自餐厅"卖汉堡"的运营。没想到吧？那位亲切可爱的 M 大叔，原来是个房地产大亨啊！

一家成功的企业，从长远来说，绝不可能只有一个盈利点或一个盈利渠道。个人同样如此。

我在互联网行业多年，见过及听说过许多活生生、血淋淋的失业案例。缩减业务以至裁掉整个部门、KPI 不佳被末位淘汰、孕妇被各种理由劝退、生病后被取消全额奖金只发 800 元基本工资……有的令人无奈，有的令人寒心，可都无可避免地让员工同时经受精神和经济的双重打击。

副业的本质，就是第二项赚钱能力，它对于上班族而言就是一种 B 计划。行业下滑、企业失势，万一丢了饭碗，至少还能马上端起另外一个饭碗。若想未来不失业，就必须提早考虑再就业。

↑↑↑

其实，副业还有个巨大的优点，它能优化你的收入结构。我上班没几年，就曾面临失业的窘境。当时我的脑海里第一反应是：完蛋，要没钱了！和我一起面临危机的同事更惨，他既有房贷，还有小孩，老婆由于怀孕后辞职，当时也正在找工作。这位同事当时的年薪超过 20 万元，就算没有锦衣玉食，衣食无忧应该还是没问题的。但他六神无主的神情，我至今回忆起来依旧历历在目。

收入结构远重于收入金额。举个例子，同样月收入 1 万元，

A 的收入 100% 来自上班工资，B 的收入来自于工资、兼职 A、兼职 B、商铺租金、投资收益……你认为哪种更好？显然是 B，因为 B 的抗风险系数更强。

前不久，一位阿里员工在匿名社区感慨，称自己目前的状态混着没意思。35 岁的他，只有 200 万现金、一套房和一辆车，认为自己的晋升空间很小，目前面临两个选择：一是换个轻松点的工作，做一些投资，二是去创业公司。我朋友看完后哈哈大笑："这问题真是屡问不爽。要是有三四套房，百来万的固定资产、基金、股票、债券、公司股权和一些副业，那看心情选就好，反正盘子够大，现金流够稳。"

我确实深有体会。以自己来讲，这几年最大的安全感，在于我的收入源逐渐丰富。工资收入、公众号收入、写商业稿件的收入、签约作者收入、房租租金收入、投资传媒公司的分红、偶尔兼职设计单收入、投资各类理财产品收益……就算其中一项中断，也不会让我惊慌失措。

我愈发认同两句话。第一句是巴菲特所说的："真正的风险，来自于你不知道自己正在做什么。"第二句是经济学家詹姆斯·托宾的话："鸡蛋不要放在一个篮子里。"

许多人从未意识到，有种工资陷阱叫作"只有一份工资收入"，或者认为副业只不过是多赚些钱而已，殊不知副业最厉害的地方是优化你的收入结构。每多一份收入源，就多一点安全感。多线布局，才是王道。

↑↑↑↑

之前，一份《2019国人工资报告》在网络热传，其中一个结论颇为扎心：工作10年，月薪过万者不足3成。毫不夸张地说，前面那位阿里员工的收入资产已然超越95%以上的上班族。

绝大多数人拿着不上不下的工资，卡在收入水平的中间位置。**到了一定年龄后，上升通道被种种主客观因素限制，眼看着大门徐徐关闭，这时若能开拓另一条道，无异于给自己一个柳暗花明的机会。**即便你暂时没有条件和机会，我希望你也不要放弃对第二职业、第二收入的追求。就像经济学家薛兆丰所说："生活可以忙忙碌碌随大流，思想可以偷偷摸摸求上进。"因为下一个转角，没准出现在明年，抑或在明天。

如何开展副业，才能真正实现变现？

　　你是不是特羡慕靠副业赚钱的人？很好，我也是。前几天晚上，有个学弟在群聊时说，有厂商开价 3000 元请他写一款数码产品的评测。群里一拨电子控朋友沸腾了，隔着屏幕仿佛都能看到他们流口水。

　　"哪个产品啊？快发来看看！""你可以啊，爱好都玩成职业玩家啦！""原来是这个品牌啊？上一代我就有用，觉得一般。"

　　有人穿插问了句评测文章有什么具体要求，但很快被大家对数码产品的好奇掩盖。

总有人叹气，听说爱好最容易发展为副业，可为什么自己总挣不着？其实原因多都出在上述的类似场景中。

因为爱好一旦被赋予变现的期许，便自动多了三个条件：一是方向正确，二是技能靠谱，三是够勤快。

我一直爱折腾，觉得无聊时就会想找兼职。中学时，暑假带着考级证书、获奖证书跑到琴行问有没招暑期工（然而人家说不收童工）。

近一年的爱好是码字，倒也给我带来一定收入。不时有人问我："我也喜欢写作，要怎么挣钱呢？"事实上，爱好与挣钱并无直接联系，热爱只能保证你够持久，而非保证有人为此买单。

不管你是否有兴趣，技能达到 60 分是起码的变现要求。

我所在的一个写作群，群主是"独立内容供应商"，提供各类领域内容文案：从 20 个字的带话题评论、电商小文案、品牌公关稿（甚至 100 万字的图书校稿），再到公众号、知乎、微博、抖音等多平台，覆盖面几乎满足不同阶段码字爱好者。

水平不够可以提高，也能找相对容易的任务，关键是别懒。

况且我之前说过，机会不是平行分布的，而是层层嵌套的。有些机会看似是一张其貌不扬的入场券，你弃若敝履，而别人愿意弯腰捡起，那么，那扇大门背后的世界就是为他们准备的。

↑↑

我有个同事是游戏原画设计师，比起别人心情不好时，去胡吃海喝、去 KTV 嚎叫发泄，她更愿意默默画一幅图表达心情。

她一开始偶尔教亲戚小孩画画，后来发现自己挺喜欢与小朋友相处，就开设了一间小教室在晚上和周末教他们画画。在没有任何推广的情况下，来上课的小朋友也有 20 多个。

于是她找了同学兼职帮忙，教小孩子写硬笔。有时组织小朋友参观画展、看艺术电影等，这些本就是她生活中不可或缺的一部分。一年下来，工作室的收入近 20 万元，还收获了满满成就感：一种把爱好播种至他人生活中，再看其生根发芽的成就感。

↑↑↑

G 先生目前是一家创业公司的合伙人，多年来的兴趣在于金融交易研究。

他除了看财报、分析数据、趋势跟踪，自己还写代码实现策略模型（顺便说下，他之前开发过数据仓库）。我们日常的聊天经常出现以下类型的对话：

我：最近有什么好玩的吗？

G：做交易。哦，上周买的做面条机器蛮好用。

我：交易出什么心得？

G：××家的研报各种吹，配合图形，太恶心了！我告诉你，数据说是OO其实都是……

我：我们还是聊面条机吧。

他的投资领域主要是股票、期货，战果可观且日趋稳定，年化投资收益率甚至超过 50%。想起多年前我还嘲笑他："有当'韭菜'的功夫不如把精力都放工作上。"现在想起来，真的是自己太天真！

↑↑↑↑

美国大学必修课教材《认识商业》自出版30年来，历经9次修订，长销不衰。这本书的开篇即提出问题：你有能用来赚钱的爱好吗？

发展爱好实际上是很好的办法。很多人通过爱好找到自己喜欢做的事，甚至发展为职业，同时它足以消除90%的"迷茫综合征"，让你逐步看清目标轮廓。

1. 你的长板，往往出现在兴趣点上

太多人终其一生都在补短板，越是哪里不好就越想努力赶上，反而对自己擅长的事，轻忽怠慢。这完美地诠释了一个成语：事倍功半。比如，你发现别人靠写作挣了钱，激动得奋笔疾书300天，却忽视了自己压根不爱写作，更谈不上擅长，仅认为要"坚持"，便在一条不想走的路上咬牙硬撑。

你看到别人靠投资每年收入20万元，抱着全部身家冲进战场，却忽视了别人在爱好的基础上，搜集了大量数据论证，不断调整投资模型才拥有可观的成果。兴趣是最可能放大优势的地方，前提是：真兴趣。

什么样叫真兴趣？不妨用职业和事业的标尺来判断："今

天上班了，明天还得上，这是职业。今天上班了，明天还想上，这是事业。"这同样是爱好的验金石。

2. 花时间去发展一个爱好，永不亏本

前几天有朋友问我每天码字多久，会不会占用太多业余时间。我说："2 小时吧，加上处理相关琐事，下班后的时间确实被压榨得差不多了。"之后我想了想，如果没码字，这 2~3 个小时我会做什么？刷手机？看视频？玩游戏？做这些事情确实轻松，但长期如此，将时间浪费得格外冤枉，只剩一丁点转瞬即逝的多巴胺。

我们经常在还没开始时就否定自己，寻找各种理由证明自己想法的合理性。但当你跨越山头，看到的景象就不一样了。

你开始意识到：

• 爱好中隐藏着诸多机会，它们是你唾手可得的宝藏；
• 你遇见了从前不可能遇见的人，看到了多棱镜中的万千样貌；
• 能靠爱好挣钱，是件令人振奋的事，是足以反哺热情的良性循环。

当然，以上统统删掉，就算持有一两件小爱好也是极好的

事。世界那么大，一辈子那么长，只有做喜欢做的事，才可能过上喜欢的生活。

　　总之，由爱好生长而成的副业，给了你另一种选择权和安全感，瞬间治愈包括"上班不顺心""提薪被驳回""领导不认可"等多种职场病。当主业在你眼中变得温柔可爱时，那份久违的初心也将随之被唤醒，增添更多的幸福感。

斜杠青年＝收入×N？

"你根本不知道自己喜欢什么样的生活，直至你过上了这种生活。"麦瑞克·阿尔伯在写《双重职业》的时候，恐怕自己都没想到，"斜杠青年"这个词会成为未来 10 年，甚至 20 年的重要职业形态。

如果说前几年还在推崇"木桶理论"，推崇一只水桶能装多少水取决于它最短的那块木板，这几年风向标掉头一转，已指向"我不管你在其他地方有多糟糕，只要你某一点特别厉害"的长板效应。与此同时，我们也不满足困在一种职业或身份中，越来越多的斜杠青年出现在众人面前。

像特斯拉 CEO 埃隆·马斯克就很"斜杠"。他既是工程师、慈善家，又创立了特斯拉、支付巨头 Paypal、太空探索公司 SpaceX 及研发家用光伏发电产品的 SolarCity 等不同类型的企业。

久而久之，斜杠青年的样板间成了知乎上看到的这种画风：作家／主持人／民谣歌手／老背包客／不敬业的酒吧掌柜／油画科班／手鼓艺人／业余皮匠／业余银匠／业余诗人……趋势渐显，认为标签越多越厉害，斜杠越多，收入也越多。

若只是一味堆砌标签，充其量不过是电线杆的小广告，更无法将"收入×N"的理想兑现。

斜杠青年确实有多元收入的宽广空间，可问题在于，很多人忽视了隐藏的大前提。

↑

我所在的城市有个美食达人，正职是一名普通公务员。

在 2013 年，他在微博上放一些咖啡、美食、旅游的图文，同时有餐饮店请他免费甚至出钱让他去体验，只为能在他微博以及几个论坛上露脸。

由于他本身是中文系毕业，还喜欢摄影，优秀的文笔搭配精致的图片吸引了大量读者和合作机构。随着时间推移，各种达人认证、平台特约旅行家、头条作者、签约自媒体的标签一个接一个地出现在其介绍中。当然，除了上班，他的生活基本被兼职工作、采编、谈合作填满，经常是周五一下班直奔机场的节奏。他的身价随着知名度水涨船高。

斜杠带来的红利自然也体现在收入上，按照他在朋友圈的说法："发一条文抵得上一个月工资，终于有点儿欣慰。"去年他还实现了一直以来的愿望：开一间咖啡馆。

如果说 10 年前的职场人，就已不满足一辈子待在同一家公司，那么眼下，很多人已不愿意一辈子从事同一份工作。斜杠，无疑是在本职以外的新世界。但要想玩得风生水起、收入可观，有两个前置条件：

- 已是不错的单杠青年；
- 斜杠的产物，对大众有价值。

首先看第一点。要想 1+1>2，每个"1"都必须站得住脚。如果是主业工作以外的兼职，必须在主业完成得可圈可点的基础上衍生而出。如果所谓的个人职场本就由几个领域组成，那么，至少每一个领域单独拎出来，在行业平均线上应该处于中等以上。不然你凭什么呢？没有人会为你的头衔够炫够酷而买单。

其次，是你所能提供的价值。无论是斜杠还是单杠，交换价值决定你的商业价值，其实质就是别人愿不愿为你提供的产品花钱或是花时间。毕竟世界上，时间和金钱是大家最在意也是最好量化的。

↑↑

前段时间我在论坛上看到一位小伙伴的留言："我也喜欢素描，但总没时间画更没空去上课，大概一两周画一次吧。"而他的头像旁边签名是：喜欢写作、画画、旅游、看书的斜杠男孩。

爱好多肯定是好事，可由此以为自己是斜杠青年，就有点轻率了。在我眼中，斜杠意味着一份职业，尤其当你将它视为"收入 × N"时。无关乎情怀，无关乎初衷，无关乎兴趣，即便它不是主业，也无法给你带来丰厚的报酬，但它依然是一份工作。但凡有"职业"二字，就应该是脚踏实地的。

它或许是花费无数个日日夜夜画出来的 1000 幅画，它或许是所有业余时间混迹于代码的开源社区，它或许是背着相机走街串巷，按下的 2 万次快门，它或许是每 3 天看一本专业书籍的持之以恒。不能为之付出的热情，都是过眼云烟。先不奢求成为"匠人"，可至少得是个"职人"。而职业，必须以专业作为支撑。

所以，若你捶着胸口仰天长啸："我那么喜欢 ×××，明明是 24K 纯斜杠青年啊！"不妨扪心自问，有没有认真对待它，把它当作正经工作？答案或许就呼之欲出。

↑↑↑

有人或许会觉得自己从没想过做斜杠青年，我说的一切对他们来说没有用。那么，斜杠又有什么意义呢？我们可以不做斜杠青年，但必须具备斜杠思想。

前面提到，越来越多的人现在并不满足于单一身份。他们期待更高级的体验，甚至期待跨界带来的奇妙化学作用，来满足他们不断发酵的好奇心。这种期待，是人类发展到一定阶段后的本能反应。

爱因斯坦曾说，谁要是不再有好奇心，也不再有惊讶的感觉，谁就无异于行尸走肉，其眼睛是迷糊不清的。现实中，多数人会被家庭、生活中各种客观因素所限，渴望尝试却因想赢又怕输的心态迟迟不敢调转航线，改变轨迹。因此以职业化态度成为一名斜杠青年，将鼓励你发现自己真正喜欢和擅长的东西，并倾尽所能地投入。

在新的领域小试牛刀，拓展自己更多的可能性，将是成长的重要契机。但要怎么当斜杠青年才算正确？我个人偏好关联爱好，或关联工作。只有喜欢，方能持久。一方面可以运用前期累计的技能和认知展开相关工作，另一方面，主业和副业容易形成共同学习、相辅相成的彼此补给关系，由此让斜杠的标签更加牢固，更加光亮。

不论是哪种，成功都是垂青于那些持续输出、持续分享，历经春夏静待秋收的人。或许快速翻新的互联网时代，是给我们不断挖掘身边宝藏的最好土壤。

工作之余，该不该花时间考证？

世界上的事再怎么变化，有些事却亘古不变，比如人们对金钱的追求。

经常有人摆出靠考证赚钱的案例，随之引发"考什么证件最值钱""哪些证书对职场最有帮助""20 岁出头适合考什么证"之类的讨论。之前有朋友转给我一篇某"大神"晒出靠十几本证书、每年挂靠收入近 20 万的案例，这种一劳永逸的"躺赢"收入已经超过许多白领一年的辛苦钱了啊！"你说，这方法可行吗？"朋友问。

临公子虽然算不上考证达人，也算从学生时代开始陆续拿下六七本认证。说真的，这事得分阶段才能给出答案，还得避免本末倒置。

↑

第一阶段的证书基本可作为走出象牙塔、步入职场的敲门砖。像英语四六级、计算机等级考试，虽证书的分量有限，但有肯定比没有强。

重点放在两个地方：一是专业相关认证，二是比较有代表性的行业认证（哪怕初级）。比如，我大学读电子信息工程，这是个"软硬兼施"的专业，所学既包含软件又包含硬件。

于是我先考了一个网络工程师，又拿下嵌入式软件工程师，闲余时自学了 PS、基础测试方法等。我当时的经验和能力都有欠缺，论实力绝对被当时的行业标准按在地上摩擦。但这些证书却成为我还未毕业就拿到社招岗 offer、进入上市互联网公司的加分项。

我的一个同学在外国语学院，虽然读中文系，可她早早考过英语专八和教师证，这也成为申请实习机会时简历上的亮色。所以首先你要明白，同等条件下，专业证书绝对是一种看得见、摸得着的优势。你设身处地想想，假如你是老板，面对同样学校、同样专业、同样是拿奖学金的应聘者，有认证加持的是不是偷偷让你内心的天平倾斜几分？退一步说，就算与专业无关，这些证书没准也能变成一个小小的惊喜点。

↑ ↑

第二阶段，尽量让证书成为你的筹码，尽量将它们往你的职业规划上靠。它们是你升职加薪的捷径，也意味着更多职业机遇。

不少人觉得，证书不就是镀金吗？实力才是最好说明！要知道，镀金镀得厚，含金量也是实实在在的。

去年有个老员工离职，据说理由是，几年了都做重复的事，工作没技术含量，始终没晋升、没加薪，想换换环境。可换环境后会打开新世界大门吗？不会。无数类似的案例证明，这样情形下跳槽不过是扬汤止沸，很可能换了份差不多的工作，没多久又重新走上老路。我们都明白，在职场中最要紧的是个人的核心竞争力，如果说能力、经验是你的软技能，那么，学历、证书就是你的硬条件。二者交相辉映固然最好，若软实力不够，拥有硬条件也是好的。

前同事小棋在综合部人事岗，其学历背景一般，外貌身材平平，就是那种最普通的"便利贴女孩"。别的助理一下班就和朋友相约逛街，她自学并报考通过了人力资源管理师，没多久报了商务英语课，接着又闲不住考了经济师。一年多后，她跳槽到一家互联网公司成为 HR，负责招聘职能岗人员，之后转为业务岗。3 年过去，她已经成为海外部的商务经理。

机会是留给有准备的人的，有准备的人，才看得见机会。

↑ ↑ ↑

此时，若你该考的证书都考得差不多了，或是本职工作比较清闲，个人自带"学霸"体质，倒可以考虑证书挂靠这种被动收入模式。

许多公司鼓励员工考证，通过后将证书放在企业用于参与投标、申请资质等，并每年给予一定费用。若挂在非所在企业，一般建筑或工程类证书相对抢手。就像建筑公司，假如没有取得资质证书，就算拥有再多的注册资金也不能承接施工。企业需要承接更大的工程，就需要升级企业资质。

我一位朋友的师兄，是注册岩土工程师，当我们听说不修边幅、每天穿着灰不拉唧 Polo 衫的他，除了年薪将近 40 万元，还有以每 3 年 35 万元放在公司的证书费时，差点惊掉双下巴。

这里还想补充一点：考证的首要目的，是让它成为你的加分项，不要本末倒置，为了考证而考证。什么意思呢？之前有位 36 岁的全职妈妈问我，她原先做过综合行政，离职时工资 4000 多元，现在想重回职场，要不要先考个什么证。

我：你打算往哪个方向发展？

她：职能类吧，行政、人力、培训都行，最好别太初级。

我：我建议不如学些实用技能，考证的意义不大。

她原本的工作内容简单且偏操作层面，说句有点残酷的话，这类职业不会因为年龄的增长而变得"高级"，反而劣势随之明显——因为一位入职 3 年左右的员工就能接手工作。

年龄与技能不匹配，这是她最大的硬伤，而非有没有证书。不如琢磨下自己的兴趣爱好，学些实用技能，比如 PS、文案写作。摆正自己当前的位置，才能找到更适合的位置。

↑ ↑ ↑ ↑

我经常听到这样一种声音："这证考了有用吗？等以后需

要了再考也不迟。""以后"是什么时候？是你猛然发现某家心仪的公司优先录用持有 A 证的人的时候？是你得知定岗评级时如果有 B 证能加 10 分的时候？还是只有拿 C 证的人才能进公司 Top3 项目组的时候？那时你估计只有旁观的份了。

何必等职业危机了，才考虑职业发展？《奇葩说》的肖骁说："我们人生之路之所以越变越窄，往往不是因为我们不够聪明，而是我们不再有变好的欲望，也不再相信努力有用。"

别以为做什么都没有价值，便默许自己什么事都不做。取得贴合你职业生涯的高含金量证书，无论对前途还是钱途的帮助都不容小觑。

在 25 岁不主动选择，在 30 岁就只好被动选择，到 35 岁就没得选择。希望在我们未来的履历上，不仅有傲人的战绩，有画龙点睛的资历，还有足以选择对方的底气。

怎么管理时间，才能让日子过得更充实？

　　"听说你靠副业赚钱，真羡慕啊。我也想这样，可就是没时间。"一直以来，我都能听到这样的声音。"没时间"，这3个字似乎与"没有钱"一样，成为席卷所有人的社会病。

　　我周围的朋友们，无论从事什么行业或处于什么年龄层，似乎都忙碌且焦虑。有一位读者说，她最近业余写拆书稿，但一周都写不出一篇；之前想做微商，上班时又很难兼顾。下班后8小时，永远被敲打得支离破碎。时间瓶颈就像庞然大物，始终绕不过。

我们经常认为，过得不好是因为没有钱，事情做不成是因为没有时间。但现实是，碎片化的日常对多数人而言是常态。

那么，怎么样从时间中榨取财富？我有几条掏心窝子的干货经验。

↑

先说需要考虑的两个方向。

1. 精力状态

不少朋友下班后根本无法从沙发上爬起来，不管因为太累还是太懒。如果做一些体力型的兼职，99% 得不偿失。

我的上班性质是项目型，忙的时候，连歇下来喝口水的时间都没有，连续半个月每天工作十几个小时；不忙的时候还算从容，至少不会加班。没写作之前，我属于每天晚饭后散散步、回家刷刷手机、再看看综艺的"老年人"，欢脱得像只树懒。

没把精力水平线控制在合格以上，什么也干不成。如果你像爱因斯坦成名前那样，在专利局做审查员，收入稳定、工作清闲，精力自然不是问题。如果上班真的已让你精疲力竭，真心建议就此好好休息放松下。

2. 时间成本

不管做什么，如果你想让它产出收入，时间成本都是必须考虑的。之前有不少朋友说："我把精力放在主业上，积累到一定程度不是照样厚积薄发？"这要看你主业的发展状况如何了。

有个朋友从事机械行业，周围有的同学在事业单位，说干10年熬到32岁年薪就12万元了。殊不知，10年前跑去做销售的同学，第二年就12万元了。另外一位高校的计算机老师，一年工资7~8万元，业余做教学类课程，虽不太稳定，每年收入也有20~30万元。多数人薪资涨幅曲线越到后期，上升得极其缓慢，而投入时间不变，于是整体性价比不断走下坡路。

每个人的时间有不同的价码，学着衡量做一件事付出的时间成本，你就会主动去做那些含金量高的事情，才可能变得越来越富有。

↑ ↑

说完方向，再说4点时间管理实操法，它们帮我很好地平衡了"白＋黑"和"5+2"模式。我之前遇到的情况估计与你们类似，死磕网络上的时间管理大法，压了满满一页待办事项列表，给自己猛灌心灵鸡汤。结果心理压力太大，以至于破罐破摔，晚上复盘时直接把当天计划撕掉当作没发生……可是，我现在是怎么做呢?

1. 优先级清单

我每天早上依然列个清单（我用的是印象笔记，电子版或纸质本凭喜好就好），分为工作区和个人区两个区域，里面再各自有两个分隔，一个是今天计划做的（高优先级），另一个是可随缘做的（低优先级）。

☑ 公众号文（余1/3）写完
☑ 商业稿大纲
☑ 修改下周一＋下周四的文章
☑ 发文＋互动
☑ 同步
☑ 同步
☑ 查看稿件
☑ 下周广告确认方案
☐ 看助理的意见反馈
☐ 寄送合同
☐ 商业稿大纲确认
☑ 摘录文章

某一天的个人待办事项列表

稍微做个分类：有的任务是必须完成，不然影响进度或后续工作；有的任务做不完也无妨，因为本来耗时就比较久或留出的时间比较充裕。工作也是同样方式。

我通常在当天早上一到公司，先把当天"工作"与"个人"这两个部分的计划列好，之后开启"打钩"之旅。

2.效率为王

要多做一点事情，肯定没办法磨磨蹭蹭。于是，效率是逼出来的。我一天中大多数的有效行动，如工作、码字、自媒体运营、运动等等，全部是计时完成的，统计下来，每日的有效时间在 10 小时左右。效率这点很好理解：别人要花 3 小时，你能在 1~2 小时内做好，则剩下的时间就更多。

时间和金钱一样，都是挣出来的。这里介绍个简单的方法：单线程模式。许多人觉得多线程处理很高效，实际上，有科学数据显示，人的持续注意力只有 8 秒，同时做多件事反而容易降低效率。单线处理加上快速切换，能让你的效率更集中。

3.时间切割

根据自身状态，我把每天的时间如庖丁解牛似地切割，对，就像切肉一样，分为上等肉、中等肉、下等肉。

上等：最优质的时间段。晚上 7：30~10：00，没有任何打扰，状态相对好，最适合码字。

中等：晚上 22：30~23：30，以及中午时间等。

下等：碎片时间。适合沟通、确认 5~15 分钟能解决的事。

不同质量的时间段，对应做不同重要等级的事，然后穿插而行。顺便说下，我用大部分的碎片时间来休息，像吃完饭放空、偶尔走路回家（我一般骑共享单车上下班，当作锻炼身体了）。

4．花钱找人帮忙

从去年开始，我找了助理帮我处理排版、内容分发、互推、授权开白等公众号事务。时间价值逐步上升时，将一些低效能产出的事付钱找人做，等于付钱省时间。我们想做更多有意义的事，绕不过两个关键词："外包"和"舍弃"，即有选择性地去做事。

为什么外卖那么红火？为什么快递小哥那么忙？为什么越来越多人买扫地机、洗碗机？因为他们能帮你省时间！每年 365 天、每天 24 个小时，像老天爷送给所有人一块同等面积的土地，但是——**如果你埋头囫囵着过，这片地无异于荒漠，只能长出狗尾巴草；如果你用心开垦播种，这片地没准能成为绿洲。**

以上几点，是我这两年实践后发现挺适合自己的方法，希望能缓解大家的"盲忙茫"综合征，也希望你的土地里，早日开出令人惊艳的花。

门槛太低的钱，最好少挣

最近和一个做电商的朋友闲聊，他挺感慨地提到一件事。他临时找人做商品编辑，每篇 20 元，大概需要 10 多篇，将图文资料按照一定要求简单编辑即可。当他在一个兼职群里问了一声后，立马有三四十人私信表示愿意做。令他猝不及防。

这年头有无数文章不厌其烦地教导你，只要努力就有挣钱机会，但这话其实经常被误解为"有钱我就挣"。

去工地搬砖、帮别人打字等等确实都能挣到钱，但我说句不太好听的话：门槛太低的钱，最好少挣。这事做久了，没准得不偿失。

↑

我们知道，收入多少呈金字塔分布，事实上，薪酬数字只是表象，你站在金字塔哪个位置，是由多少人可替代你决定。

我从去年开始开放征稿，当时乐观地以为从此不仅有更丰富的内容视角，还能释放我一些码字压力，一举两得！然而，哪怕我愿意花 2~3 小时去改稿，符合要求的稿件也寥寥无几。我与一些自媒体朋友聊起时，他们也有共同的感受：写作的人非常多，但好作者、好内容，真是太难找了！

有位读者问我："临公子，你公众号容易过稿吗？"我老实地回答："不太容易。""你要求有点儿高，"他停了一会说，"如果降低标准，我应该符合你的要求，我每周写八九篇没问题，而且我目前可以长期供稿。"

说罢，他发来两篇文章，一篇是 800 来字的短篇小说，一篇是诗歌。这与我公众号的调性完全在两个次元。其实我能理解他的想法：宁可多写几篇 30~50 元的稿子，也比写几百元的稿子来得"划算"，毕竟过稿率高，没有太多要求。

但正因如此，如这位读者所说，门槛低的约稿业务经常被小团队打包接走，他们有兼职写手，出稿速度快，价格还便宜。到后来，颇有几分低价竞争的味道。

许多人常常有一个误导性的错觉——容易挣钱的领域，机会更多。可你忽视了，那个领域由于门槛太低，竞争者远远多于机会。

投资家格雷厄姆说过："如果总是做显而易见或大家都在做的事，你就赚不到钱。"你能做，任何一个人都能做。

人家为什么要找你？于是，你只好靠咬牙自降身价、拼命提高产出数量来博取机会。这便是杀敌一千自损八百啊。

↑ ↑

一直以来我都有个观点：一个人如果纯粹为了挣钱而去工作，是件非常可惜的事。

因为一份时间，你只出售了一次——卖给老板。可聪明人懂得将一份时间至少出售两次：除了老板还要出售给自己，赚取能力。否则，你的水平原地踏步，就很难提高每份时间的单价。

我以前公司有个行政小助理，她被安排到的任务很简单，无外乎贴发票、写纪要、归档文件之类的琐事。带她的前辈也不怎么上心，很少教她和指责她。

小助理反而兴高采烈地逢人就说，这工作就是她理想中的样子。转眼两年过去，其他助理开始转去做 HR、商务、运营等更高一级的职能岗位，而这位小助理，依然是级别最低的那种助理。

没多久，她辞职后又去找了一份助理工作，据说薪资只多了几百块。不得不说，得心应手的事，最好别做太久。心理学家鲍迈斯特曾提出一个叫"自我损耗"的理论，你每做一个选择、每做一件事，就会损耗一点心理能量。

简言之，你做的任何一件事都有时间成本加心理成本。所以，亏本买卖，一定要少做。

轻轻松松工作几年，付出宝贵青春，好像赚了点工资，又好像只赚到工资，这才是最令人痛惜的地方。

↑ ↑ ↑

有人估计会问："难道大家都要吭哧吭哧地去赚辛苦钱？"

其实，很容易挣到的钱，恰恰最可能是辛苦钱。

挨家挨户收快递，辛苦忙一天还抵不上一家企业发一件订单；写评论几毛钱一条，写 1000 条还抵不上一篇文章的稿费；PS 抠图 1 张只有 1 元，忙活几百张还抵不上设计师做的一张图。

收入遵循一个原则：收入 = 质量 × 数量。

增加数量，看似能快速提高收入，可一个人的劳动力有限。相比之下，提升质量（或者说提高客单价），上升空间却很大。这才是根本性的破局之道。那么，如何在"质量"这项上做得出彩？

1．多动脑

在工作中，不少人是凭感觉和惯性做事。

什么叫动脑？举个例子，比如产品助理通常被要求会写简单的需求文档、使用几款基本软件、协调沟通、收集数据等。当你整理好原始数据后，可以主动尝试分析，把数据发给上司时，哪怕附加一句结论性的话，都是加分项。其他工作同样如此。

你有没有想过一件任务背后的目的是什么？你有没有想过更高效的新方法？你有没有想过你在整个计划中的作用？

蒋方舟特别认同一句话："每个人都是自身经验的囚徒。"从你放弃思考的那一瞬间开始，你的一只脚已踏入那个隐形的牢笼。

2．对标更高的标准

有位小伙伴问："我做新媒体运营，不过做的都是写活动策划、写推文、排版之类比较初级的工作，感觉没什么挑战性。"

那你不妨多看看中级甚至高级的要求。不仅有对标的参照物，还能针对性地单点突破。

↑ ↑ ↑ ↑

窦文涛在《圆桌派》曾说，击倒对手的那一拳，经常是你不擅长的左手打出来的。太顺手的事，不会有惊喜。关于能赚取"容易钱"的工作，如果眼下的时间暂时不太值钱，做些也无妨；但如果你的时间价值在未来水涨船高，就必须有选择性地挣钱。

门槛过低的钱，虽触手可及，却也只是触手可及的"三无"小钱而已——无空间、无挑战、无进步。人想要变得更好，还是要在上坡路上奔波，人想要变得更糟，那就走下坡路，怎么轻松怎么来。只是，这世上有两点始终无法改变：

· 上坡路注定不可能舒服；
· 越往上走，你的能力越强，能与你竞争的人反而越少。

共勉。

从兼职到副业，差距并不是钱

大部分人是不满足于自己工资的，无论是 3000 元还是 300 万元。

除了主业，副业带来的诱惑力有增无减。有位小伙伴问我："你觉得'兼职'与'副业'有什么区别？副业是不是更高级些？"我觉得这个话题挺有趣，说一点我的看法。

↑

工作是兼职或副业并不重要，最重要的是在于能否利用时间的复利，即看能否积累。

上学时期我曾做过琴行杂工、卖电话卡、培训机构推广、神秘顾客等兼职，目的简单粗暴：就是为了挣点零花钱，跟学业和未来规划无任何关系。那些工作有几个特点：钱不多，来钱快；门槛低，以劳动力为主；重复性高。

什么叫重复性高？比如你今天端盘子，明天端盘子，明年依然端盘子。随着时间推移，你在这份工作上的身价并未水涨船高，而是钉在某个很快就达到的"熟练工"时刻。

学生时代我觉得没有任何问题，说不定自己能寻着机会还没踏出校园就积攒下第一桶金。可当你踏上职场，你的时间成本将越来越贵（尤其毕业后 0~5 年），甚至被明码标价。原本挣 100 元，你人力成本只要 30 元；现在挣 100 元，人力成本没准就飙升至 200 元，得不偿失。

此外，如果你兼职就是为了"赚快钱"，那么，很有可能除了钱以外什么也没得到。因为将时间 100% 兑换成现金，一物换一物，没有任何溢价。

↑↑

许多关于开源的文章都建议，工作外的收入要尽可能与自己的专业或爱好相搭接。

有的人会认为自己没什么爱好，工作专业性也不强，就是时间多，并不介意多做几份劳务工。我来讲一下自己的经历吧。

我工作后，赚外快之心不死。那时我朋友的同学，业余时间接英语翻译兼职，翻译一些文档协议，我也赶紧去试试。才发现真的是……自取其辱啊！这才发现自己CET6水平去翻译带专业背景的内容根本不行。

千字左右的英翻中，报酬是80元，我折腾了大半天，发现性价比低到令人发指，于是我灰溜溜地作罢。接下来挺长一段时间我并没做太多兼职，一是确实不知道从何入手，二是当时也想把职场能力打磨好，接连考取了几项专业证书。直到同事让我帮他朋友公司做一个小产品的需求设计。

设计核心框架，我大概花了三四天时间，收入是3000元，之后我又零星做了几个项目，开始陆续留意产品设计的工作。

说实话，我发现兼职的市场价虽参差不齐，可当你做到一定程度，收入都差不到哪里去。比如，我以前所在的一个按需雇佣的专业开发平台，全平台最低时薪3位数起。我目前团队里的两个项目经理，都曾在外兼职开发项目，其中一位之前还问我，有没有适合的程序员、产品经理、UI推荐，他手里有个将近10万的分包正愁没人做。

这些兼职项目是我工作的延伸，对本职相辅相成（我曾碰到一个全新行业的系统，恰好是我兼职时接触过的，当时上手很快）。

看似同样打工，但除了钱，还获得了工作经验值，它反哺到职场中，就形成了一种时间溢价。比如我感兴趣的码字。

从 2016 年开始随心所欲地写，到后来接到约稿、品牌文等等，相关收入逐渐增加。从普通兴趣→打磨→变现，时间不算太短，至少一两年，而且过程中经常遇到瓶颈。

譬如我接过千字千元标准的约稿，如果说我写公众号文章用了 6~7 成的功力，千字千元的约稿逼出我至少 9 成以上的功力。字字推敲打磨，说"轻松躺赚"那是骗人的。

之后给自己打工，价值随着时间不断放大。一开始微乎其微的可能性，后续逐渐轮廓清晰，发现更多值得跃跃欲试的空间。

总之，基于专业或兴趣的兼职相比纯劳力兼职，虽然赚钱速度慢，可它带有"高溢价"，更容易深耕、更容易看到变化，成为稳定且无上限的收入渠道。

↑ ↑ ↑

对此我的建议是，选择门槛低的兼职没关系，多思考一下这些工作对你今后有哪些帮助。尝试后发现自己擅长什么，就

往那个方向用力。

就拿常见的兼职网络客服及新媒体助理来说。

网络客服，仅为客户提供商品信息、回复咨询，新手在短期内就能上手。但如果你从中学习推广营销方法，比如文案怎么写更打动人？什么渠道适合什么样形式的推广？哪种活动转化率最高？日后自己开网店时自然驾轻就熟。

新媒体助理从每篇 10~30 元的排版，到每篇几百元的内容输出，再到每月好几千元的 AE（客户执行），兼职收入高低是一回事，其中的要求亦截然不同。你必须清楚从中能得到什么，能否对你发展有帮助，抑或从中可挖掘出更多可能性。

至于开篇那位小伙伴问"副业"是不是比"兼职"更高级些。我认为，无论是兼职、副业、创业，还是斜杠青年，头衔无所谓，最关键的，是你对自己所做的心里有数。

有种合作叫作：要让中间商赚差价

↑

    等公车间隙，背后传来一阵争吵。车站背后是一家房产中介门店，一位 50 岁左右的大姐和一个年轻小伙子站在门口，争吵声越来越大。

    "大姐，我陪你看了快两个月房子了，挣点中介费容易吗？"

    "就看你不容易，所以才让你从 1.5% 降到 1% 嘛，不然我早找别人做了。"

    "你之前已经压到 1.5% 了，总价又不高，我也要吃饭的啊……"

"反正我有房东电话，还认识其他中介，你自己看着办吧！"大姐的语气和表情丝毫没有退让的意思，侧身一副准备走的模样。

"你以为这房子卖不出去啊？"小伙子口气强硬起来，"你摸着良心说，你要求这么多，我找了多久才找到这套？1.5%已经够低了，你之前不也说没问题吗？怎么……"话还没说完，门店里跑出来一位稍年长些的人，匆忙把他们拉了回去。

脑海中浮现出一句广告语——"没有中间商赚差价"。且不说是否有这样零差价的平台，这句口号如此流行，恰恰击中多数人的一种心理：一看到别人从自己身上赚钱，全身不自在。这种零和心态，看似精打细算，实则只会画地为牢。

↑↑

我有个邻居是一位全职妈妈，有段时间批发了一些小商品放在小区门口的店铺卖。经常有人有意无意地问她："你这成本大概多少啊？批发价应该挺便宜的吧？"

反倒是一些亲近的街坊，买东西时二话不说，甚至嘱咐她："你卖这价可别赔了。"邻居说："没事，都是熟人，我也是卖着玩的。"街坊们一个劲儿摇头："不都得花时间、花精力去做？可不能让你做赔本买卖。"你有没发现一个奇怪的现象？我们都喜欢找熟人办事，可熟人报价时我们又想着他是不是没给我最低价。即便低于市价，都抹不去一丝顾虑，总认为似乎可以更低些。但是，越是熟人，我们越要让人家赚钱。

交易过程本就包含许多隐形成本。你一心想着熟人挣了你多少钱，他们给的是不是最低价，而不去思考他们帮你省了多少钱、省了多少麻烦，这种低级思维只会让周围人逐一离你而去。与再熟的人进行交易时，如果他们没有获利，时间久了肯定不耐烦。让对方有所获利是维护关系的良方。你有一块糖，分我一点甜，大家都会很开心。

↑↑↑

我始终坚信，愿不愿意分享利益，是评价一个人或者一家公司是否靠谱的重要依据之一。"走别人的路，让别人无路可走；赚别人的钱，让别人无钱可赚。"这句话看起来超级霸气，其实放到现实中，就是个大笑话。

朋友公司曾通过一家中间商采购硬件设备，中间商设计出一份方案，采购方拿着方案乐滋滋地跑去找源头厂家。

厂家的报价非但没便宜，反而比中间商高出 15%，理由是：第一，方案不是厂家设计，需额外让工程师评估；第二，中间商如果没有利润空间，将影响品牌方发展。采购方只好与中间商签了合同。

项目后启动两期之后，中间商大幅提高了原先的"友情合作价"，但其他愿意合作的厂商寥寥无几，最终，公司只得接受了对方提出的新价格。

如何让合作伙伴越来越多，路越走越宽？答案是：让人"有利可图"。让人知道和你一起做事能赚到钱，你就赢了一大半。我不吃亏，你也有所得，双方都在一个舒服的位置，彼此的关系才可能长久。

↑↑↑↑

很多时候，交易变得愈发艰难，不断堵死去路的不仅仅是"彼之所得必为我之所失"的狭隘想法，更是因为你眼里只有价格得失，忽视了最重要的目标，久而久之走进一个死胡同里。

以前公司曾打算定制一套财务系统，找了不少厂家、问了不少报价，好不容易找到一家各方面都让人挺满意的供应商——价格合适，经验丰富，功能不需要定制开发就能短时间内配置出来，还附送一些其他办公小插件，让人感到多快好省。然而，沟通时出现一种声音：他们做这套系统用不了太多工作量，价格顶多原先的 1/3。

但是，当时的目标不就是以预算内价格做一套好用的财务软件，尽快上线吗？有个近乎现成的产品摆在眼前时，却因此后悔了，尽管它比心理价位还低。洛克菲勒写给儿子的信中，几句话让我印象深刻："要完成一笔好交易，最好的办法是强调其价值。而很多人会犯强调价格而非价值的错误，常说'这的确很便宜，再也找不到这么低的价格了。'"

不错，没有谁愿意出高价，但在最低价之外，人们更希望得到最高的价值。只想捡便宜的人，会看到品质好坏、深层合作等水面下的宝藏吗？不会。用别人想要的东西，换取你想要的东西，这是交易的本质，更是你不断变好的必经之路。有些人本能地拒绝为非实物产品买单，比如服务、信息等，从某种意义上说，愿意花钱买它们恰恰体现了一种更从容的生活状态。

每个环节的人都能有所获利，才能让链子像上了润滑油一样流畅运转。更何况，你是什么样的人，你周围就容易聚集什么样的人。

多几个人手拉手，注定比一个人双臂环抱，更能拥有更大的圈。

怎样"投资自己"最值得？

"所有的排泄都有快感。"当脑海中闪现弗洛伊德的这句话时，我并没在蹲马桶，而是一边在咖啡馆等朋友，一边听到右手边传来掩盖不住的激动声音。不到 10 分钟，海量信息流循环冲击着我竖起的耳朵。

"哎呀我说你，上次约会就见你穿这件，都没买新衣服吗？"

"我 4000 元转卖了上月买的那把 1 万多元的按摩仪，怎么样，我贤惠吧？"

"最近好累，我都 3 个月没去上健身课了，早知道不办年卡了。"

"上次代购的护肤品都快过期了还来不及用，你需要吗？"

"你不是说信用卡和花呗都不够用，要不要悠着些啊？"

"也对……那我应该再办一张信用卡。"

没等我回过神来，这位想接着办理信用卡的朋友振振有词："我又不像你准备买房，钱再怎么花都是花在自己身上，这叫投资自己，这钱不能省！"

这简直是"投资自己"被"黑"得最惨的一次啊！

↑

在不少人心中，投资自己＝用力花钱。至于花到哪儿去？使用率如何？有没有浪费？全部抛在脑后，只为"剁手"当下的片刻欢愉。所以我建议，当你以后举着"自我投资"大旗在消费路上狂奔时，不妨扪心自问预计回报率是多少（并非必须是数字）。

比如，你为了保持健康，花钱买运用器械、办游泳卡、请私教，过一段时间你站在镜子前，是不是发现自己的精神与肉体变得更美好了？

当你为颜值花钱，买护肤品、去美容院，买下五花八门的美容仪，即便不奢求和明星似的全天无死角美颜，至少得有个清爽整洁的外貌吧？凡不看投入产出比的"投资"，都叫"耍流氓"。

↑↑

对我而言，以下几种情况我最乐意把钱花在自己身上。

1. 让自己更值钱

这是能带来超过 10 倍甚至 100 倍的投资品。

我在大学时是一名穷学生，为了以后多一点职业筹码，我花了 1500 元报名一个网络工程师的课程，并通过认证；

花 99 元上了一周 PS 课程，会用 PS 这一技能从学生时代伴随我，至今依然是我最常用的技能之一；

觉得自己开发能力不足，当校内开设了一个嵌入式开发实训营时，我咬牙付费 3000 多元参加；

大学还没毕业，我就拿到多家上市互联网公司的 offer（其中两个是社招岗位而非校招）。工作以后，线上课程更没少买。

与职场相关，我曾买过产品经理课程（后来为我从偏技术岗转型为产品岗提供有力帮助）、运营渠道课、学习能力、PPT、知识体系管理等。

与理财金融相关，从大 V 的 9.9 元的单课到几百元的理财系列课，我每次听课时做好笔记，并不定期翻出来看看，将纸面知识内化为自身能力。

与码字相关，我付费听过不止 10 位写作达人的课程，几十元到六七百元不等，只为输出更好的文章。

你若问我有什么收获，我只能实话实说：工作发展得还算不错，投资稳中有进，码字变得更顺手了。

让这些投资变得有价值，其实方法倒很简单，主要是分三步：

- 选择有增值的领域（像职业、爱好）；
- 投入金钱和时间；
- 用学到的技能把这钱赚回来。

这是一个完美的良性循环。

2. 帮自己节约时间

去年我最后悔没有早一点入手的东西：扫地机器人。显而易见，把它放在地上，它就会麻利地清扫拖地，不仅帮我节约一大笔时间，还比我扫得干净。如果你不是经济过于窘迫，用钱换时间是一种打开新世界之门的捷径。

我同事在大热天里来回两小时给对方公司送资料。第二次时被我硬拦住了：同城快递 10 块钱就能搞定的事，何况月薪 5 位数的人，把时间耗费在等公交和堵车上，得不偿失。

家里的抽油烟机每隔半年左右清洗一次，自从我帮家人洗过一次，请家政人员上门成为首选。相关费用不到 150 元，工作人员带着专业工具认真拆洗 3 小时。

在你明白"时间最值钱"以及"要用钱买时间"这两件事之后，你的做事效率就会不自觉地提高。就像不少人在网吧里高效办公一样：你按小时付费工作，还好意思漫不经心吗？

3．新世界的门票

简言之，试错成本。

这几年我有个愈发强烈的感受，一个人如果只做自己熟悉或者能力范围内的事，就无法产生有价值的新变化。

财经评论家"江南愤青"有一段话，让我印象深刻：

投资这个事情说白了，每个人都是从自己的认知出发，你认为的对错，得先证明自己一定是对的，才能否定别人，你自己都证明不了自己是对的，何以认为别人是错的？

所以，买一些你看不懂的，本质都是对冲你看错的风险。你认知对了，损失点钱，认知错了，你就发财。无论怎样都是好的。

时代高速且动态发展，看不懂很多事情很正常，但如果我们做旁观者，那注定一辈子都看不懂；只有做参与者，才有机会解锁新世界。

沿着旧地图，找不到新大陆。这一切都建立在你愿意试错、愿意买"门票"的前提下。

4．让你开心的钱

有一段时间我的幸福感挺低，上班工作，下班时间和周末用于码字以及摘抄学习各类文章作为输入，没去任何地方，没买任何东西。反观我一位以"造作"著称的朋友，养猫遛狗，偶尔听音乐会、看小剧场，做好早餐便拍照到朋友圈等待被人点赞，花300多元定制了一个牛皮零钱包激动得在群里讲一晚上。

人啊，自己给自己找乐子是门技术活。

投资幸福感，让你的心里面有糖果，还能分别人一点甜，甜蜜指数就这么翻倍了！愿大家投资自己的钱，能融化为更炫目的光、更炙热的好奇、更强大的装备，陪伴你继续前行。

收入不高时，我们可以做的事情

　　前几天朋友聚会，我和一位老同事聊到他新负责部门里的情况，他颇有感触地说了句："'自我学习'这东西有时真是毒鸡汤，越喝越上瘾，"说话间，他打开朋友圈，"你看，他负责设备维护半年了，朋友圈里每天线上课程打卡、隔三岔五晒加班、晒工作感悟、晒职场鸡汤。"

　　我好奇起来，问他这有什么问题吗？他说："能力不见任何长进就不说了，一布置任务，说这个不会那个有难度。加班在公司看《腾讯传》，第二天一问，原本要做完的事情说某个环节拿不准，卡在手里快两天了。上周还问我，什么时候能加薪，能加多少……他所谓的学习，除了发朋友圈之外几乎没太多作用。努力错了方向，反而得不偿失。"

几乎所有讨论低收入怎么办的文章，答案都指向同一个方向："充电"增值。其实，这种看似"政治正确"的话，跳过了诸多潜在因素。

↑

上个月，一名体制内的读者阿芯问："上班六七年工资才4000元，不知道要学些什么才能提高收入。"像她说的，看着办公室里的主任，都能看到自己的人生线路图——大概多少岁到什么岗位，薪资能有多少，这些都被安排得明明白白。

拿工作量来说吧，去年，阿芯一个人做了2~3个人的量，经常加班不说，有时连节假日都在单位赶工。去年岗位内容变动，顿时闲得发慌。但在反差巨大的两种状态下，工资却没有任何变动。没办法，因为她得熬资历才能晋升。你和她说"赶紧学习业务知识呀"，这对增加收入没有任何帮助。

朋友 Ada 上月回老家，说他一位亲戚闲聊时也表示为微薄的薪水犯愁。33 岁的亲戚在老家小县城的一个车间打工，月薪 2300 元，偶尔去别的地方打零工赚些外快。这样着实辛苦，花的时间也不少。下班后累得恨不得倒头就睡，读书学习对他而言，简直是天方夜谭。而不少跟他技艺相仿的老乡，在城里做装修，日薪几百元，雇主还得提前预约，每月上万元已算常见。

一亮出行业或周围从业者的参考薪水，你立马能判断出自己的真实情况。该换行换行、该兼职兼职，不要闭着眼睛，抱着手里这碗饭死磕。你首先得选出一条有空间的路，付出的汗水才更有意义。

↑↑

有人会说："收入不高，做些兼职不就好了？"倘若说兼职都是出卖劳动力换钱，我觉得过于绝对，但我一直以来，确实不建议年轻的朋友从事劳动力型的兼职，尤其是与本职无关的工作。恰恰因为你年轻，单纯付出劳动力是一门得不偿失的买卖。

领英的《职场人转折点报告》里有项数据显示：人生可能遇到的转折点从 23 岁开始，在 27~30 岁达到小高峰，在 31~35 岁达到大高峰。35 岁后遇到转折点的概率大幅度下跌，直至趋近于零。"什么时候开始都不晚""人生任何时候都存在可能性"是不假，可发生概率肯定有高有低。

换句话说，如果在这个阶段你能通过充电学习，打磨自己的职场竞争力，更有可能让未来的正职收入比劳动力性兼职带来的零碎小钱要高得多。

↑ ↑ ↑

谁都知道收入低时，就得踩紧油门使劲挣钱。只是太多人盲目地把时间花在性价比低的课程上，以及埋头做重复性事务上，这只能带来片刻的自我安慰。想要收入尽可能快速提升，也不是件难事。

比如，优先学习赚钱的技能。技能之间注定有天壤之别，琴棋书画、思维修炼、沟通演讲……没错，这些都是提升能力的区域，可对快速积累财富而言，收效甚微，况且提升速度缓慢。你一定要有所取舍，优先学习最贴合工作或最容易变现的技能。

就像有的公司写明高级岗位需达到各种要求；通过××认证对岗位晋升有帮助；营销、写作等变现技能，都值得尽快拿下。拆解工作范围，选择一项重点打磨。无论哪个岗位，面面俱到肯定不现实，不妨把职能拆解，拎出某个点作为自己最拿得出手的亮点。

我认识一位做系统支撑工程师的朋友，他有个特别厉害的地方：做标书和方案其速度惊人，而且出错率极低，几乎不需要过多修改。做的标书次数多了，负责的项目也逐渐多起来，没多久他就成为部门核心员工。哪怕只有一项技能 90 分，自己就能快速脱颖而出。**当你收入暂处低谷时，往上爬一点反而不是件难事，关键是"心慢手快"。**

心慢是指心里别急着马上去赚钱，一般能用这种方式换到的钱，都是小钱。你首先得分析当前处境，是行业天花板低，还是岗位发展有限？抑或是自身能力出问题？磨刀不误砍柴工，你只有发现问题，才能解决问题。

手快是指手脚麻利地针对性改变。该换赛道的换赛道，该投时间的投时间，该花钱学习的赶紧去学。当你以这种姿态开始时，你便有更多机会赚到人生的第一桶金。

第 **3** 章

人生每个转折点，都蕴藏着机遇

放弃所学专业去跨界，值得吗？

↑

前段时间，我看了一个视频，主题是一位博主在讨论什么是"正经工作"。

他毕业于世界排名 Top30 的名校，是一位金融和会计双硕士，自从拍视频以来不断收到带有质疑的留言。

"你真是糟蹋了那么好的学位。"

"父母给你钱读书，你就这样浪费？"

"你应该去华尔街做金融。"

博主有些无奈地说："我读了 7 年金融，也去过华尔街实习，为什么我还来拍视频？换个角度想，这里面肯定有我的想法啊。"

这背后其实是个常见的问题：放弃所学专业去跨界，真的能混得好吗？非科班出身的人，拿什么和科班出身的人竞争？刚毕业时我确实也有这疑问。

当时我接手了一项工作，所在的团队里有 10 多个人，连同我在内，只有 3 人勉强是工作与所学专业相关，但无论从业绩、能力，还是后面的职业轨迹来看，不少人表现得可圈可点。诚然，花了好几年拿下一门学位固然有一定优势，但这"优势"，有时却变成一袋 20 公斤的沙袋，偷偷地拖住你前行的步伐。

↑ ↑

很多人选工作时，顺理成章地以学校里的专业作为辐射点。但你是否想过自己真的擅长？是否真的喜欢？或许仅仅为了不浪费自己所学知识，没曾想可能造成更大的"浪费"。

以前我有个同事，作为程序员的他骨子里并不喜欢写代码，绩效常年垫底不说，戾气也重得让人有点招架不住。

有一次，他写的模块出现严重的漏洞，组内的同事已被他连累多次，忍不住说了句："你这样还不如不做。""你以为我想干啊？！"他突然猛拍桌子，把同事们吓了一跳。为什么会这样呢？实际上，偏文艺的他热爱绘图插画，不时可以看到他的座位上散落着随手画的手稿。偶然间得知，当初他原想报考美术学院，家人以"今后不好找工作"为由，要求他填报了计算机系。久而久之，上班在他眼里，变成一件非常痛苦的事情。

领导和 HR 曾特意与其面谈，却得到他满不在乎的回复："无所谓，大不了我少拿些工资吧。"

对于他来说，最大的悲哀莫过于：只因为学生时期选择了某个方向，哪怕不感兴趣甚至不擅长，也硬着头皮继续走下去。可人这一辈子，明明有很多选择的机会，选错了，换一条也许就柳暗花明。只是不少人选错了，抱着"算了吧"的态度，不仅把"专业"搞得很不专业，还白白荒废了大把时光。

乏味无聊的日子一天天过去，盖在机会上的尘埃一天天堆积，直到一切的可能性都被打上永久封印。

↑↑↑

　　我在公众号后台不时收到读者的询问："我想转行去做××，好担心混不下去啊。"还有声音嘀咕："放弃多年所学去一个完全不熟悉的领域，总有几分不甘心怎么办？"其实，转型也好，跨界也罢，多数人做得有声有色，能力与收入甚至高于同行平均水平。

　　我毕业后遇到的第一位领导R，从一所"211"大学的食品科学硕士毕业。在一次聚餐时，R的上级特别感慨："R除了拿国家奖学金、创业比赛一等奖，当时已有5年PHP开发经验，"上级接着说，"我还以为他就是写着玩的水平，笔试一看，确实写得让人没话说，面试时再看他的表现，当场决定录用。"不少同事在那时还嘀咕：读食科的硕士跑来搞IT，本硕7年不是白读了么？

　　R入司不到半年，就晋升为小组经理，这一速度至今无人超越。相比同龄人，他格外清晰自己的职业规划。看似重新走了一条路，但他其实很明白：自己想做什么、会做什么，将来希望成为什么样的人。

　　舍弃一部分，可以换取想要的另一部分。何况，很多知识或许早已潜移默化地升级为"可迁移能力"。

在知乎上看到过一个提问："我读过很多书，但后来大部分都忘记了，那读书的意义是什么？"

有一个令人拍案叫绝的回答：

当我还是孩子时，我吃过很多食物，现在已经记不起吃过什么了。但可以肯定的是，它们中的一部分已经长成了我的骨头和肉。

R 完全放弃了本硕 7 年所学吗？并没有。用他的话说，食品科学中的算法与数据分析，实际上与计算机算法有相通之处；再看开篇提到的那位视频博主，海外名校的求学经历，让他在大量中西方文化碰撞的话题中游刃有余，拥有自己独特的视角。将所见所闻、所学所知，逐渐铸造出一把新钥匙，足以开启另外一扇大门。

↑ ↑ ↑ ↑

赛道本就是多维的，大家不止在同一条路上竞争。

比如，做电脑出身的苹果公司，依靠 31 年的 PC 技术积累，转身做出的 iPhone（苹果手机），不到 4 年击垮了连续 14 年市场第一的手机霸主诺基亚。2017 年，Apple Watch（苹果智能手表）收割了 50% 以上的智能手表市场，超过了拥有百年历史的劳力士，成为全球第一"手表厂"。

之前大润发被阿里巴巴收购时引起一片哗然，大润发 CEO 黄明端发微博感叹，赢了所有对手却输给了时代。如此感叹，并非黄明端一人。

移动支付刚出来时，一位银行官员说："他们根本没有线下网点，你去哪里取钱呢？这不是瞎扯吗？"结果，人家压根不用线下网点，一个 App 搞定一切。

一个个"降维打击"或"野生跨界"的真实案例，越来越多地发生在我们身边，包括许多耳熟能详的公众人物。

金庸没学过写作，却是华语文坛无比闪亮的一颗星；爱因斯坦提出光量子论的那年，顺手拿了个哲学博士学位；传奇巨星张国荣，从小爱好时装设计，考入英国利兹大学纺织管理系。

跨界的人潮中，我非常佩服的人是张泉灵，她的最新身份是知识付费平台得到旗下"少年得到"董事长。

"时代抛弃你时，连一声再见都不会说。"这句话曾被张泉灵作为演讲的主题，被疯狂刷屏。

张泉灵在 2000 年担任新版《东方时空》《人物周刊》等

节目主持人。任职期间，还担任了神舟九号的特别报道等，并获得第十一届长江韬奋奖、中国播音主持"金话筒奖"等。2015 年她离职时，已在央视任职 18 年。一路可谓顺风顺水。

42 岁这年，她放弃了无数人眼中的事业巅峰。张泉灵在微博中写的一句话让我印象深刻：

42 岁虽然没有了 25 岁的优势，可是再不开始就 43 了。其实，只要好奇心和勇气还在那里，什么时候开始都来得及。

原来我们说的最多一句话就是"Yes，but"（是的，但是……），而我今天会这么看问题："Yes，and"（是的，并且……）。

循着旧地图，找不到新大陆。

↑ ↑ ↑ ↑ ↑

这个时代的人，注定不会被单一标签定义一生。

你会看到，越来越多优秀的人拿着 ABCD 多种板块搭建起属于自己的王国，不断探寻自身的价值位置。

我从不相信，一个专业、一份工作、一个身份能裹挟住一个人漫长的一生。不同思维模式的碰撞或融合，反而相得益彰，不知不觉地，淬炼出 2.0 版的你。

迷茫怎么办？这是自我增值好时机啊！

↑

在一档节目中，我看到一位医学专业毕业生说的话："我希望能用我的医学知识，在老家建一所人人都上得起的医院。"他的语气不疾不徐，缓慢有力，对此，我挺有感触。先不去定论这想法是不是过于理想化，但引起我内心波澜的地方是什么呢？既不是带有宏伟社会色彩的愿望，也不是计划创业的激情，而是那种坚定的语气，让我很羡慕。

我特别羡慕在 20 来岁就找到人生目标，然后铆足劲向目标前行的人。对比之下，我就相形见绌得只能"捂脸"了。迷茫隔三岔五就大驾光临，让我不断地怀疑自己，再闪出新的念头，然后又被自己否定……兜兜转转，浪费了不少时间。

知乎上有个问题：年轻时候最应该注意的事情是什么？点赞最高的答案是：由于害怕而什么都没有做。

我们会习惯性惧怕"万一做错了怎么办"，接着在无止境的假设中原地转圈，某天猛一抬头发现一步都没踏出去。

谁都不想时间和精力付诸流水，谁都不愿面对岔路上形形色色的"此路不通"醒目路标，可事实上，你要走的路 99% 不是规划出来的，而是上路后随着柳暗花明、潮起潮落逐渐浮现出来的。

你得先上路，才能找到方向。访谈节目《康熙来了》的助理主持陈汉典，有一次在节目中提起制作人要求他做的却让他非常无所适从的事。

谈话性节目时常会出现让场面凝固的尴尬冷场，于是制作人会直接打手势，让陈汉典从旁边到场中央救场。一开始他完全不知所措，只能硬着头皮跑上前站着，甚至弄得两个主持人都傻眼了。慢慢地，他学会插科打诨化解气氛，再后来面对场外完全随机、匪夷所思的指令也能应对自如。

后来他问制作人当时是怎么想的，制作人理所当然地一摊手："你只有先出来才能知道做什么啊！你站在一边能做什么呢？！"这句话切换到其他场景，依然应验。比如写作。

初开始码字的小伙伴们，总会担心一个问题：写不出来怎么办啊？我浅薄的经验是：硬写呗。下不去手的匮竭感在所难免，坐在电脑前随便写几句零散的话，哪怕是吐槽或一时想法，写着写着就带来小火花。

事实上，多数人挥之不去的迷茫感源于不知道哪种选择适合自己，总是在无尽的考虑及纠结的泥潭中越陷越深。"世界上本没有路，走的人多了，也便成了路。"希望的有无、事情的成败，只有去实践了才会知道，一开始的自我设限不过是本能的逃避主义罢了，路终究是一步步走出来的，而不是考虑出来的。

↑↑

迷茫时期的关键词是"积累"二字。在迷茫时不忘积累，就算暂时看不清方向，但站得越高势必会看到更广阔的风景，拥有更多的选择。

1. 多积累技能

本职工作无疑是绝佳的突破口。你今天学的东西，可能明天就能从手边的事开始实践，立竿见影。从工具使用、专项能力、认知提升到思考维度，深挖其中任何一个部分都能让自己的知识结构变得丰富立体。

现在时常被提及的"投资自己""积累能力"，本质上就是让一技之长拥有足够强大的变现能力。有些朋友可能会抱怨："我每天都在打杂，根本不知道什么可学。"那么，有两个学习方向：一是最通用的能力，比如 Excel、PPT、写作等，这些属于办公标配技能，到哪儿都能用上；二是自己感兴趣、想发展的方向。

我工作后的 3 年里虽在技术部门，但工作性质约等于打杂，其中各种迷茫就不多说了。我在第二年想往产品方向发展，于是到各大招聘网站，把产品经理应聘必备的硬技能全部罗列出来，接着买书、看教程，一条条学习技能点。在工作中接触不到适合的产品练手，就按照平时用得最多的 App 或平台画原型、做流程。

坦白说，这真是很笨、很老套的学习方式，却也为我转岗跳槽、顺利拿到 offer 带来不可或缺的帮助。能力积累必须靠点滴学习从而聚沙成塔，学习这事，一旦抓住一点耕耘就会有很多衍伸。前提是，你得去挖掘。

2. 多积攒些钱

拥有奇特经历的麦克尔·罗奇格西获得佛学博士学位，创立了钻石公司，自称把佛学领悟到的空性运用到商业经营上，他有句话说："赚钱是一种最深刻的修行。"

多积累钱也好，学理财也罢，其实都是人生规划的一部分，而且还是很重要的一部分。你有没有发现，但凡能把现金流掌握得井井有条的人，基本上不会过得太差。对于我们而言，了解与钱有关的逻辑，就不至于在遇到"黑天鹅"事件时不知所措。

3. 多运动，积累身体的本钱

身体是革命的本钱。现在人人都活在隐遁的焦虑中。焦虑看不清方向，焦虑中年危机，焦虑如何优雅地养老……但是规划自己的养老金，大前提也是活得足够久。

从各国总统政要、世界企业 500 强 CXO（电商企业首席惊喜官）到创业精英，无论他们多么忙碌，几乎每个人都有固定的运动时间，更别说当你拥有大把时间时，还找各种理由不去为自己的身体添加筹码。

一切的决策判断，背后都必须依托清晰的头脑和充沛的精力，而不是指望高闪红灯的健康状态。

4. 请不要等

"等我毕业后……""等我工作后……""等我结婚后……""等我买房子后……"总仰头期待某个万事俱备的时刻，再心满意足地按下开关，等待背后倏然长出一双翅膀飞向五彩斑斓的梦想。可人生不是做菜，不能等所有东西都准备齐了再下锅。我们总认为自己是深思熟虑，做事谨慎，可王小波不是说过么，深思熟虑的结果往往就是说不清楚。

连说都说不清楚，就更不可能去做了。**99%** 等待的结局不过是带有憧憬色彩的小气泡。如果你想尝试握着人生的方向盘，就请不要习惯性说"等"这个字。若总认为现在不是最好的时机，等下个拐弯路口，你依然会倾向继续等待更成熟的时机。潜移默化中，你的内心已垒砌起一种寄希望于外界或索性逃避选择的倾向。人么，内心一旦有了倾向，就会用各种理由说服自己。

↑ ↑ ↑

茨威格《人类群星闪耀时》一书中说道：

只有一件事会使人疲劳——摇摆不定和优柔寡断，而每做

一件事，都会使人身心解放，即使把事情办坏了，也比什么都不做强。

　　或许我们会走上弯路，仍然会浪费时间，仍然会心有悔意，但这些走过的路终将造就许多年后的另一个你。**最浪费时间的事，就是思而不学和犹豫不决**。所以，不要在迷茫时想得太多以至做得太少，白做都胜于不做，你又怕什么呢？即便用破铜废铁积累起一个小土坡，也会比别人看到更多的风景。只要去做，必有收获。

赚多少钱，由你的认知层次决定

我在一篇聊体制内的文章评论区，看到几条留言：

"我利用业余时间做电商，现在已经被开除了。"

"当老师能发展第二职业，你在开玩笑的吧？反正国家政策是不允许的，除非大学老师。"

"这就是'秦兵'们，他们积极努力，踏实肯干，毫无怨言，默默奉献，职级待遇与他们根本不沾边。"

我就职过上市公司，也在国企工作过，我越来越理解，一个人的能力与收入经常不成正比。

更确切地说：一开始，你的能力或许给你带来不错的收入；到后来，它们的关联性日趋变小。赚多少钱，其实由你的认知层次决定。

↑

我初中同学小凌的成绩很好，我印象中他考得最差的一次分数也没跌出班级排名前三。轻松考上本地一中的他，之后顺理成章地进入一所"985"大学。毕业后，小凌就职于一家上市公司，奖金与项目挂钩，他每月到手的实际工资比我们所有人都高出大半个头。比较辛苦的地方在于，那份工作长期驻点省外。在外摸爬滚打两年，小凌在家人的建议下考入了老家的机关单位。

另一位同学宇鑫，成绩中上。毕业后从十几个人的汽配城，一路辗转进入汽车金融。前几年汽车金融算是个快速发展的行业，宇鑫人也勤快，加班熬夜扛 KPI，稳扎稳打地做到区域总监。

两人都非常上进，可小凌的收入，还不及宇鑫的零头。坦白讲，这两位同学都很优秀，也都是我多年好友。一定要说谁更有才华，要算有着"学霸"体质的小凌。他从小到大都是"别人家的孩子"，聪明懂事，一点就通，无论学习和工作，都格外努力用心。

当然，做决定这种事从来都是有得有失，冷暖自知。只是细想起来，我应该是从那时开始，很难再片面地认同"生活不会辜负你的努力"之类的鸡汤话。

↑ ↑

开篇提到的留言中，有读者问：为什么许多员工积极努力、默默奉献，被认为是在单位"等死"？

先说外部因素。第一点，收入并不完全跟市场经济挂钩。就连在银行就职的朋友都说她薪水这两年不仅没变多，还缩水了不少。可她的能力退步了么？她做的事情变少了么？并没有。

如今"铁饭碗"已逐渐变成一个备受嘲讽的词，从体制内辞职的人嘲讽尚在体制内的，拿绩效奖金的人嘲讽拿工龄工资的，甚至"996"加班的人都嘲讽"朝九晚五"的。可最大的问题，是"铁饭碗"收入逻辑并不符合市场经济逻辑。

你做的事在其他公司可能值 2 万元，可在单位的论资排辈下，没准只能拿到 5 千元。外加缺乏内部竞争，更易滋生慵懒。这点确实客观存在。

第二点，晋升意义不大。我认识一位在国企的女性朋友，不到 30 岁，深受领导重视。内部有个很不错的项目机会，领导便一个劲儿地让她去争取。结果，她放弃了。她和我说："我不是吃不了苦，就是不太明白现在去争取的意义啊。"公司女员工占比只有 20%，她快速上升到一定位置后，仿佛被按下暂停键。再往上，几乎都是 40 岁以上的男性，忙到头发大把地掉，连小孩发烧都没空回去，老婆甚至打电话来说要离婚。"拿下这个项目加班是少不了的，提岗希望不大，工资也加不了多少，你说我何必？"

即便是男性，内部晋升途径也并非敞开大门。上面领导没调动、没跳槽，职位就空不出来，只好慢慢熬。

↑ ↑ ↑

说完外因，继续看内因。经常有质问的声音：我从事的行业特殊，第二职业根本不可能、不符合规定或限制诸多等等。

一位教书的朋友曾和我吐槽学校薪资太低，他教信息科学，混了好几年工资才 4000 多元，但他做 IT 的同学毕业不到两年薪资就过万。

　　我问：那你打算怎么办？

　　他说：我教的科目又不是主流学科，学校也不让兼职，还能怎么办？

　　我又问：有没有打算跳槽？

　　他毫不犹豫地说：怎么可能？！

　　人在惯性中待久了，很难接受轨迹以外的想法，并且想方设法用各种理由说服自己。前文提到的同学小凌，实际上是我们几个朋友中最忙碌的人，他晚上经常在单位值班，周末经常去单位开会，收入却是最低的。

　　我们问过他："要不想想办法拓宽些收入源？你家那套老房子稍微装修下就可以出租了。"他的答案是——"没时间折腾！"猎豹移动董事长傅盛说："人与人最大的差别是认知，认知程度与聪明与否无关。"

　　人是习惯于自我迷惑的，其实真正的阻力，首先是自己意识不到，其次就算意识到了，也没采取有效行动。久而久之，迟缓的思维与行动，已变为一堵不可逾越的墙。

↑ ↑ ↑ ↑

作家冯唐在一档访谈节目中说，真正的中年危机，来自于"确定感"：你已经知道哪些事你能干，哪些事你一辈子都干不了，这种时候，你还有什么兴奋点？你发现工资被固定，你发现岗位被固定，你发现前途被固定……固定的多了，就被钉死了。

于是你开始接受了死工资与死工作，等你最终反应过来，这辈子好像也就这样了。几年前高晓松说"你不慌张了，青春就没了"，这"不慌张"与"确定感"真是相得益彰。

年轻时，最慌张的是不确定性太多；等老了，最沮丧的却是确定感太多。这和你在不在体制内、拿多少工资，没有半点儿关系。

你可能会问："我的确舍不得放弃稳定的收入，可内心也的确很焦虑，怎么办？"那你不妨先降低自己的预期。太多人焦虑的不是自己没有什么，而是焦虑别人拥有什么。一边抗拒风险，一边又预期过高，会让人逐渐在二者的落差中越陷越深。

值钱的从来不是工资，而是你的认知、洞察与行动。从源头改变，方可釜底抽薪。

父母安排了自己不喜欢的工作，该不该拒绝？

先问个问题：你父母知道你的工作具体是做什么的吗？

这些年聊起父母，身边不少朋友都有两个感慨：一是不管我们多大，在父母眼中都是孩子；二是父母其实并不太清楚我们上班在做什么，可有时又会提出不着边际的意见。

有时候你以为是彼此观念不和，可那真的只是"你以为"。比如我最近听同事说的一件事。

↑

同事的表弟，在一所普通的三本学校毕业，之前在一家小互联网公司上班，月薪 5 千元，据说和老板有些矛盾，一气之下就离职了。辞职后几个月，一直找不到满意的工作。

父母原本就看不上他的工作，于是一顿张罗后，帮他介绍了一份在当地事业单位的岗位。

"虽然暂时不在编制内，但做满 3 年机会还是很大的"，父母喜形于色，表弟却笑不起来，转身找表哥吐苦水。"那个差事月薪 4 千元，比我原来的工资还低！""我以前做的是策划，进去居然是行政岗。""不知道父母怎么想的，安排这种工作给我。"

同事感慨，表弟的爸妈其实托了不少关系才拿到这个他们眼中体面又稳定的"铁饭碗"，表弟却不满意，一直抱怨。

确实，长辈们的观点和想法，与我们这一代有不少矛盾，他们喜欢说：我们都是为你着想，你听我们的准没错。他们用自己眼中的经验，告诉我们一条稳妥而保守的路线。

但错不在他们，他们始终是建议者，而我们才是决策者。你可能说："父母非得让我按照他们的意愿做，我能有什么办法？"

事实上，重点并不在"如何拒绝父母介绍的工作"，而是"你拿什么拒绝父母介绍的工作"。

↑↑

　　我先说第一点，家庭关系也是人际关系的一种。既然是人际关系那就得尊重人际关系的规则：谁提供资源，谁就有主动权。

　　有一期《奇葩大会》来了位身家 200 亿的富二代。他富到什么程度呢？中国有一半的航母是他们家的。

　　可他很郁闷，说一直以来他都生活在父亲的阴影下。

　　父亲很强势，不管是出国留学，还是回自家的公司工作，都是父亲一手安排好的。他身为独子，唯一能做的只能是"尽孝道"，太不自由了！

　　高晓松的点评，一针见血："一个男人要有一以贯之的世界观，不能要自由的时候，把西方那套拿出来，要钱的时候把东方那一套拿出来。"那位富二代如果想做出属于自己的一番事业，必然意味着会失去一些东西。

　　要么接受家里安排，牺牲自由；要么跳出这个框，牺牲家庭能给予的人脉和资源。既然你默许接受了富二代享受的资源，父亲就理所应当地拥有对你的控制权。

　　我再说说另外一位来自宁波的普通男孩。15 岁时，他就组装了一台六管收音机，而且，他特别热爱计算机。在他高考想填报计算机专业时，却被强势的父母反对——坐在计算机前就像照 X 光，辐射对身体有影响。

"你什么专业都可以选，就是不许选计算机。"男孩碍于父母压力，选了其他专业。到了大学之后，他在本专业学习成绩很好的情况下，还经常逃课去听计算机系的课程，对计算机的兴趣愈发浓烈。可大学毕业后，父母再度施压，他又顺从了父母意见，成为一名国家公务员。熬了两年，下定决心离职去广州闯荡。从零开始，找到一份与电脑相关的工作。

没多久，在 8 平方米的小屋子里，他创建了一家小公司。2003 年，这个年轻人登顶中国内地百富榜的榜首，他就是丁磊。所以你发现了么，你首先要有能力独立，才有资格谈自由。正如罗振宇说的这句话："成年人世界第一套准则：选择，承担其代价。"

↑ ↑ ↑

说到底，拒绝，是对决定权的争夺。

它包含 3 个层次：第一层，单纯地表达意愿。就像前面说的同事表弟，辞职在家，衣食住行都由父母提供。虽然他嫌弃父母介绍的工作，可自己并没有主动寻求工作。

这种情况，用冯唐的话说就是："上帝为你关上一扇门的同时，还会拿门夹你的脑袋……"

第二层，有理有据地拒绝。例如，我为什么不喜欢这样的安排？我擅长的是什么？我的兴趣在哪里？我的想法和计划是什么？当你在说"No"的时候，就要想清楚什么样的选择才是"Yes"。

第三层，不仅有理有据，还有更好的选择。

我前同事阿贺，做 Linux 开发。他大学专业是中文，毕业后也从事文宣相关的工作，做得死气沉沉。阿贺的兴趣其实是写代码，他经常混迹于国内外开源网站，于是在论坛上认识了一位程序员，两人实力相当，惺惺相惜。

然后，阿贺就被这位程序员挖到了所在的上市互联网公司，成了一名真正的 Linux 开发，薪资是原先的 3 倍不止。

如果阿贺没有拿到这个 offer，他很可能是不敢辞职的。他刚买房，还有小孩，就算原先工作做得再怎么不满意，又怎敢对现实轻易低头？

《秒速 5 厘米》里有句台词：要拒绝空气，首先要拥有空气；要拒绝世界，首先就要拥有世界。放弃的底气从何而来？当然是拥有更好的选择。

↑ ↑ ↑ ↑

最后我想说：**你想独立和自由，这很好，但必须有独行夜路的勇气和能耐，而不是拿着他人的资源去走自己的路。资源一抽走，你以为的"自由"便难以为继。**

没有父母会不希望孩子变好，只是担心你会过得不好。当你证明自己有能力立足，让日子开花结果时，大多数父母是愿意放下阻拦你的手的。

想到和得到之间，还有两个字：做到。当你暂时无法做到让自己活得更好时，拥有自由也无济于事。被动的人依然被动，不满的人依然不满，狭隘的人依然狭隘，生活的内核从未发生改变。

毕竟，决定你过什么样生活的，从来都不是你某一次的选择，而是你一直以来的状态。

如何正确应对职业危机

我发现，大家对"被裁"这件事有不少误解。前阵子有篇热文，聊到一位 36 岁的男人失业后，为了不让家人知道，他在星巴克坐了 3 个月。每天假装上班，忙着写简历、面试、再改简历。

在转载的这篇文章下方，最高赞的两条留言，我看了心里有些不是滋味。

第一条："脚踏实地地做实业，搞技术就不会这样了，下岗的多是在虚幻产业工作的，高不成低不就，仔细想想除了 PPT 啥也不会。"

第二条："自己的不可替代性还不够。真正有实力的人不怕被裁员。"

这两条留言挺能代表主流观点。前者属于"务实主义"，后者属于"政治正确"。可怎么说呢，很多事情并不能这么一刀切。

被裁的人，不一定是在泡沫产业，不一定就是随随便便可替代。任何人都可能面临危机。

↑

我前同事小瓶，在一家大型互联网公司担任配置管理工程师 (SCM)，这岗位在众多 IT 岗位中偏小众。

她原先是程序员，在转行的过程中机缘巧合地拿到这个 offer。通常而言，每个岗位都有几个"刚需"要求，比如熟悉若干工具等。但小瓶的工作有些特别。

既不要求掌握很多使用工具，也不用做其他 SCM 的日常工作，她主要做 3 件事：

- 培训新人使用公司内部开发的支撑系统；
- 收集大家的使用反馈，整理后发给开发团队的产品经理；
- 给用户开设账号和权限。

小瓶职位虽然是"SCM 主管",但实际上更像培训员、需求采集员以及基础权限配置人员的混合体。4 年后,小瓶因为身体原因辞职休养了近一年。打算重回职场时,她发现了前所未有的困境。首先,她属于典型的定制型人才。同样是配置工程师,她之前做的内容,与市场上的岗位要求是两回事。其次,转行也进退两难。

重新做程序员?小瓶已经 4 年没写代码了,竞争力大不如前。

转行做产品经理?虽说"人人都是产品经理",但要知道,人人能做的事情,都逃不过"初级"两个字,离她的预期薪酬实在太远。

"原本还以为自己收入还可以,怎么突然感觉失业了?切换得毫无防备啊。"小瓶苦笑道。

↑ ↑

提到"中年失业",有两个字往往紧随其后:转行。经常听到有人问:"××岁转行可行吗?"其实重点放错了,年龄和转行成功与否,没有直接联系。

马云、雷军、丁磊、周航等互联网大咖,从不同程度上说,他们都在中年实现了不同程度的切换跑道。更别说村上春树，30 岁时他还是爵士酒吧的老板，直到一天在神宫球场旁，莫名其妙地立志要"写出点儿像样的东西"。其实，转行的重点在于：做匹配资源的事情。

1. 匹配"行业年龄"

不少行业都是有年龄潜规则的。这并非歧视，而是客观现实。比如说，35 岁，对"码农"来说是 100% 纯天然的"老人"，但对建筑师或医生来讲，那简直就是"豆蔻年华"？

虽然很多文章告诉你，从任何时候开始都不晚，但我们有时也没必要硬碰硬，对吧？

2. 匹配个人优势

个人优势包括你的经验、知识、能力、人脉等等。前阵子有位从事物流行业的读者问我，他 29 岁，认识一个朋友是年薪 60 万的算法工程师，问自己现在转行写算法有没有可能年薪 30 万元。

我心想：每个行业都有高薪的人，能不能拿到高薪，靠的不是行业，而是本事吧？许多人过分看重"行业"，而忽视了"自己"。

你首先要了解个人的特点和优势，再花时间去了解你要去的行业，而不是到处发帖子问"行不行"。找网络资料、线上课程，去"在行"或找专家付费咨询，花一些钱，听听专业人士是怎么说的，抵得上"瞎折腾"1个月。

转行，说白了就是一次渡河。猛地扎进河里，凶多吉少。你只有知道目标在哪儿、用什么方式可以过去、需要付出哪些代价、手里有没有足够的筹码，再一步步地实施渡河计划，方可顺利到达彼岸。

↑ ↑ ↑

个人认为，与其以"转行"来应对危机，不如靠"转型"。因为任何时候，"从零开始"都是一个艰难决定。凭我个人的经验，在改变中获得成功的人都有个共性，那就是：懂得借力。借用自己已有的实力。

阿里集团人才战略总监杨姝在硕士毕业之后，她在出版社做的是 IT 图文的文字编辑。第一次跳槽，她选择的是一家 IT 行业的猎头公司；后来，她到甲骨文公司从内部招聘一路成长为甲骨文北亚区的招聘总监；再后来，她负责阿里集团的招聘运营中心。

这几份都是与人打交道的工作，每一次转型，杨姝都遵循"就近原则"。试想一下，你今天敲代码，明天说要开餐馆，当然也不是不行，只是——

- 你熟悉餐饮行业吗？

- 你开餐饮有什么优势吗？

- 你有小范围内验证过吗？

如果只是因为失业，想赶紧换一条路试试，这无异于饮鸩止渴。我认识一位资深网络架构师，他的年薪近 30 万元，后来被公司列入"考核名单"（其实就是待裁员的人员名单）。灰心丧气几天后，他冷静地主动提出辞职。他去做什么呢？到培训机构当讲师。

他原本就有在公司内部培训的经验，还录制过网课，手握两家机构的培训师认证，于是顺利拿到对应的 offer。同年，他被评为优秀讲师。无论从收入还是发展空间，远超从前。

聚餐时，他聊起当初要被裁员的情况，简直是欢天喜地、眉飞色舞，连声说"幸亏当时要被裁了"，让人哭笑不得。一次危机，就这么转变成一个将优势重新排列组合的良机。

↑ ↑ ↑ ↑

平心而论，被裁员不见得是你个人的问题。包括谷歌、亚马逊、阿里等国内外大公司，都经历过金融危机或大面积裁员。

但如果长期找不到合适的工作，或许就是一盏正在报警的红灯。

山本耀司说："自己这个东西是看不见的，撞上一些别的什么，反弹回来，才会了解自己。"这话特别在理。

这几年我有个感触，很多人是等到职业危机了，才考虑职业发展。等到裁员了、失业了、找不到工作了，才惊觉自己毫无招架之力，被一个浪潮拍倒在沙滩上。

平时多给自己准备"两把刷子"，多逛逛招聘网站，哪怕多和领导以及 HR 朋友聊聊天，都比什么都不做要强 100 倍。一来，如富兰克林那句话："有能力的时候，便应为将来未雨绸缪。晨光并不会整天照耀。"二来，最有价值的技能，是懂得价值重塑。多留意周围看起来与你的当下没什么关系的事物，没准它们中就潜藏着机会。

哪怕一时失业，也不用过于沮丧。晴耕雨读，趁这个机会好好停下来，看清周围的环境与眼前的路。学会与自己握手言和，学会将目光再度聚焦到优势上。电影《爱丽丝梦游仙境》里，红桃皇后有句台词：在我们这个地方，你必须不停地奔跑，才能留在原地。路还很长，请重上征程。

什么才是真正的"不可替代性"?

↑

　　最近，听到周围不少朋友感慨说："人呐，一旦在一个地方待久了，就很难挪窝了。要么是总有各种各样的理由待在原地，要么是想挪地的时候发现自己压根动不了。"其中不乏我们眼中的"佼佼者"。

　　昨天和朋友吃饭，她说了件挺耐人寻味的事。公司有个中层管理者离职，没人愿意接盘，连手下员工也不愿意。

送上门的升迁和加薪机会，居然所有人都拒绝？这是为什么呢？我问："是留的'坑'太大吗？"他摇摇头说："那个中层领导分管的业务是边缘业务，年终奖常年全公司垫底，不少员工都在找机会调岗。据说老板准备解散产品线。"朋友还若有所思地说："前几年他做的还是重点孵化项目，优越感十足，整天说没几个人能替代自己。据说他这回离职也没找到合适的岗位，后来几个创业的同学拉他过去了。"

现在人都爱讲"不可替代性"。老实说，我一直觉得许多人对这几个字有些误解。

有一种不可替代，其实是互相牵制的。你以为没了你一切就不完整，殊不知，你离开后自己也没地方去。本质上，你就是一块拼图，一块离开原地就价值归零的拼图。

↑↑

有一种现象，有些人在公司坐久了，爬到了一定的位置，可一件突如其来的事就能让他立马坠落。

爬得越高，摔得越惨。因为，他们拥有的只是高处的位置，而非爬高的能力。以前隔壁部门有个小主管，绩效平平无奇，属于你给他一件事、他就做一件事的类型。熬了几年，他"混"

到了经理级别。别的经理都忙着"开疆扩土"，争取新业务，唯独他，不争不抢，"佛性十足"。

有一次老板有意让他接触一个新项目，他支支吾吾老半天。一会儿说自己不了解，申请抽调其他部门的人；一会儿又说将项目转给某某部门更好。

后来，他与其他公司对接时，谈到一些行业基础知识竟磕磕巴巴，闹出许多笑话。老板知道后没说什么，让他继续回去做老本行。

明眼人已看出来，这位"骨灰级"经理只要离开原本的业务，什么都不会。就像一只死死抱着树的考拉，树长多高，就决定他的位置有多高。一旦树倒了，他也垮了。

这些年在职场，我体会很深的一点是，不可替代性分为两个层次：

层次 1：你离开后，别人不好过，但你也难受。

层次 2：你离开后，别人不好过，你不仅没变差，甚至还能过得更好。

层次 1 如刚才说的"拼图型"，实际上就是"杀敌一千，自损八百"。层次 2 叫"积木型"，一块积木可以用来组建高楼，也能拼凑桥梁，随时可抽离，到哪都是中流砥柱。这才是一个人的核心竞争力。

↑ ↑ ↑

对于现在的人来说，工资是判断工作好坏的绝对衡量标准。在工资低的岗位，谁都想着赶紧跳槽；可工资高了之后，多数人都有一种"谜之安全感"，认为自己已站在金字塔上半部，自带稀缺性。不知不觉，它变成一个隐藏的职场陷阱，让你丧失判断力。

无论你从事什么职业、待在什么岗位，谁都无法保证5年、10年后它们依然存在。行业没了，就算是你是行业顶尖高手，照样一夜之间失去竞争力。更何况有些岗位，带有极强的公司定制属性。拿的钱再多，也不过是高配版"螺丝钉"。

我们知道，当年iPhone横空出世，快速干掉了曾排名No.1的诺基亚，更让人唏嘘的是，诺基亚大批被裁员工找不到工作。雇主嫌其技术单一，宁可要大学毕业生。

理由很简单：很多诺基亚的高级工程师，多年来做的是塞班(Symbian)系统开发，被裁的时候只会做跟塞班系统相关的工作。而塞班的市场份额，早已日渐式微。

前阵子还有个新闻，同样关于诺基亚员工，却与此形成强烈反差。苹果公司面对全球销量下滑的危机，宣布任命诺基亚通信前高管周德翰为新的印度运营主管，再次对印度市场发力。对雇主来说，周德翰的优势并不是他曾在诺基亚供职16年，而是他拥有25年的企业和电信市场的国际运营经验。

这种强大的可迁移能力，让周德翰具备跨公司甚至跨行业的复用性。换言之，他已经将自己打磨成一块厚重的"积木"。

↑ ↑ ↑ ↑

知乎上有个问题：什么能力很重要，但大多数人却没有？有个答复我很认同——底层能力。职业规划师古典老师在《为什么下班后4小时，没法改变你的人生？》中表达过一个观点：

很难想象一个自我管理不好、不懂得说话、缺乏基础商务能力的人，会在下班以后突然变成一个自律、八面玲珑又懂得经营自己的人。因为这些也都是"底层核心能力"，它们在支持你的人生改变。

他们如同地基一般，底部越扎实，上层盖得越高。

举个例子。

当年张艺谋作为 2008 年北京奥运会总导演时，很多人提出质疑：你是拍电影的，怎么有能力担任顶级活动的开幕式总导演呢？其实，一个好的导演，他的审美水平、画面布局、对镜头的把握能力等皆处于非常稳定的高位。

就算让他去拍小电影，他估计都能拍出大惊喜。底层能力，它就是一块块让我们真正做到"不可替代"的坚石。

↑↑↑↑↑

无数血淋淋的职场教训，都在一字一句地告诉我们，要么足够专业，要么足够职业。

就拿经常被诟病的"体制内"来说。在体制内，有的中年人丢了铁饭碗，职业生涯瞬间画上句号。而有的人，不仅敢主动离职，还有勇气重新踏入另外一条赛道。你说他们凭什么？不管原先的专业能否派上新用场，稳固的底层能力足以让各项技能快速迁移和组合，搭建出全新的实力。

说到底，在一个地方站得高不算什么，换个地方还有能耐爬得高，才是硬功夫。

面对前老板的高薪聘请，该不该跳槽？

男怕入错行，女怕嫁错郎。男女都怕的是什么？踏错行业后，再遇上个"糟心"老板。在朋友圈看到一件真事：一位原本已是公司中层的朋友，被前老板以"高于原薪资60%""高比例年终奖""独立负责团队"等"豪华礼包"说服，"空降"过去。

不到半年，前老板突然离职。公司总经理不到一周就从其他分公司调来一位副经理"协助他"，但核心业务陆续转交至副经理手中。情形不言而喻：曾经的"豪华礼包"，大概率要变成"空头支票"。

"一位好领导，能让你少走 10 年弯路。"这几乎算共识，因此，面对前老板递来的"橄榄枝"，他的手不自觉地就伸了过去。但看似即将开启的新大门，背后却荆棘密布。

↑

之前当人们得知某新媒体"大佬"的助理月入 5 万元时，错愕之余，人们纷纷感慨，要不是这位助理跟对人，哪能赚这么多？这话没错，但你有没有想过这位助理为什么在老板第一次创业失败、9 个月开垮公司的情况下，还愿意继续跟随？在《南方都市报》时，这位助理就以专业和敬业让老板震惊了。后来老板辞职创业，第一个想找的人就是这位助理。而助理在面临创业公司不到 1 年便倒闭的局面下，没回老家、没考公务员，也没进家人安排的事业单位，坚持跟着老板继续创业。

仅"了解"加上"信任"这 4 个字，就足以让两人跨越磨合期，直接挽起袖子进入全新的合作阶段。哪怕对方原先不那么成功，哪怕遭遇许多磕磕绊绊，只要你认可对方，依然值得继续跟随。无论哪种合作，最关键的永远是人。选对人，你就成功了一半，对领导来说如此，对员工来说同样如此。

在面试时，很多建议都提到：一定要重视面试官问你的那句："你有什么想问的吗？"它是最直接获得对方看法的窗口。所以第一点，面对想挖你的"前老板"，你们必须彼此熟悉，最好真正共事过，并且，你认可他的做事风格和职业操守。这些在一段职场关系中，或许比你想象的更重要。

如果"前老板"说："我们曾经同在一家公司就是战友啊！"这种口吻，与素不相识的"老乡""套近乎"没本质区别。

↑ ↑

如果老板"靠谱"，他挖你时是不是就应该痛快答应？我建议也别着急表态，多聊聊他当前的工作情况再判断。一时冲动，后患无穷。

回到刚才开头说的那位朋友。私下我了解到，他那位领导去年底才到新公司，但他描绘起未来蓝图时承诺得非常美好——说几个部门计划明年扩展业务，正是需要人手的时候。虽然让朋友做的工作与原先岗位不太相符，但业务能推动学习，此时过来，乃大好良机。

第一次开会，朋友就发觉情况不对。发言的时候，前领导不仅是最后一位讲话，时间还短得可怜；其他总监去经理办公室非常勤快，他一周都没进去一次，甚至同级别总监直接安排他工作……

在此，有 3 个关键问题需要考虑：

- 他在团队中地位如何？

- 他是否有话语权？

- 挖你过去，想实现哪些目标？

以上问题的答案越清晰，你的未来发展得越顺利。否则很可能出现意料之外的情况，让你不知如何进退。

↑ ↑ ↑

前面说的两点，其实有个大前提：你自身有能力立足。李笑来说：首先自己得先成为一个贵人，你才有可能遇见贵人。再厉害的老板，他只是你的引路人，后面的路，还得你自己走下去。那么，怎么判断自己能否立足？

一个简单有效的方法——扪心自问：如果没有你的前领导，你还愿意去那家公司吗？还能否胜任目标岗位？如果这个 offer 单纯地摆在你眼前，若你能匹配 70% 以上的要求则相对稳妥。不要仅仅因为前方有一位好老板、有看似美好的未来而满心欢喜地前往。

最后，回头看最开始说的另一个让人怦然心动的字眼——高薪。"就算挖我的不是前老板，高薪的诱惑力也不小啊，我怎么可能轻易放弃？"有的人很可能这么说。但如果你的市场价是月薪 1 万元，有人突然开价 3 万元挖你，多少带几分"才不配位"的味道。职场是典型的利益场，必然遵守投入与回报成正比的规律。远超行情的收益，往往意味着潜在的重重风险。所以，评估来自前老板的高薪 offer，不妨先想想以下几个问题：

- 你是否相信其实力和德行，并甘愿追随？
- 他到目标公司多久了？发展如何？
- 他给你的薪酬，是否在合理的行价范围？
- 对比目标公司发布在招聘网站上的近似岗位要求，你能得几分？
- 万一前老板突然离职，你如何应对？

不清楚彼岸实情，即便上岸也可能跌落水中。毕竟，员工和领导最好的关系，不是谁依附谁、谁提携谁，而是相互成就、各取所需。

与其辛苦兼职，不如在新职业中寻找新机遇

↑

最近有个词上了热搜，叫"副业刚需"。还没隔多久，另外一句话紧随其后也上了热搜："没搞副业的我太难了"。

曾看过一个数据，国内有 **29%** 的青年有兼职工作。并非大家都不务正业，我之前在文章里聊过，不管你做什么职业，都应有自己的"B 计划"，因为：

- 你不知道什么时候行业下滑、企业失势；

- 你不知道如何突破工资瓶颈；

- 你不知道手里这个"饭碗"还能端多久。

只有单一的工作、单一的工资，无论对职业发展还是财富积累都是很不利的。有位读者曾问我："我的本职是产品经理，工资快两年没涨过了，感觉找兼职好难啊，有没有什么办法呢？"其实，我们未必要把本职和兼职清晰地划分开来，而是要建立"职业"这个概念。

二者不仅可能相互转换，而且在未来，"多职业者"的概念也许会越来越流行。它们对上班族或者自由职业者来说，意味着更多选择，以及更具含金量的 B 计划。而切换新的跑道，或许并没有你想的那么遥不可及。

↑ ↑

我结婚时请的婚礼主持人，挺有意思。他的本职是机场调度员，以前在大学时和单位里都主持过晚会。出于兴趣，还有多一份收入的考虑，他先参加了一个培训机构的婚庆主持人课程，顺利结业后，签约成为公司旗下的主持人。

他的单次主持费用达 2000 元以上（他所在团队不少资深

主持人，单次费用是 3000~5000 元，甚至更多），碰上"五一"、国庆节等结婚高峰期，他更是忙得"连轴转"。据说他明年春节的档期都已经定下来了。生意好得让人羡慕。

而他女朋友因为经常陪他去主持婚礼，时间久了，就加入他们公司成为一名兼职的婚礼场务，主要负责调动气氛、协助新人，让婚礼流程顺利进行。

两个人既能换一种方式相处，又能开心挣钱。"婚庆"其实不算新兴的行业，但随着岗位细分，每个环节几乎都可以外包，或被打磨成更符合当下大众需求的新职业。

再比如给我拍婚纱照的工作室。两位创始人原先是独立摄影师，几年前他们成立了团队，业务包括化妆、旅拍、孕妇写真、亲子写真等等，最近他们又拓展了新业务：古风造型写真。因为结婚时少不了化妆和拍照，他们很容易在婚庆行业找到切入点。

我拍证件照的照相馆是一家"夫妻店"，他们不仅拍各类证件照，也提供婚礼拍摄的服务。我与老板娘聊了聊，她说："收入还不错，就是一年都休息不了几天，实在太忙了。"可见，好的婚庆服务从业者，几乎不愁客源。毕竟不管大环境如何，每天都会有很多新人结婚，只要你提供的服务满足人们要求，自然有人愿意买单。

↑ ↑ ↑

本职也好，副业也罢，新职业中往往蕴藏着更多机会。它们有几个共同特点。

1. 侧重生活服务领域

服务类型的职业，这几年可谓与日俱增。我的一位同事兼职哺乳指导师。她说，周围有专业哺乳指导能力的月嫂相当受欢迎，月薪高达 2 万元，还要预约，供不应求。

上周我看到一个纪录片，住在上海的日本太太池田惠美，其身份是收纳整理师。她的日常工作是帮人规划家具收纳和教学员专业收纳课。经她整理的屋子，哪怕再脏再乱，也能变得干干净净、清清爽爽。

这个职业在一线城市颇受欢迎。许多客户由于家中的空间狭窄、物品繁多，居住感受出现了问题，此外一些搬家、仓储不堪重负等问题，也需要从业者上门解决。

近年来，在我国居民总消费中，服务消费的占比已达到49.5%。因此自然出现了新兴的消费点与就业机会。

2. 可拓展性

刚才提到的婚庆行业就是个典型的例子。比如你会拍照，那么稍微花些心思规划下，就能拓展包括拍婚纱照、婚礼跟拍、旅拍策划、证件照等很多类型的业务。同时也方便与其他团队合作，形成 3~5 人小团队。

我的一位同性朋友罗罗喜欢瑜伽，考了瑜伽认证后，她在一家机构兼职上课。因为非常热爱这项工作，她辞职后开了一间个人工作室，之后又找了几个健身老师，将工作室升级为私人"一对一"健身房。换句话说，这些新兴职业，当你有一技之长时，很容易发散出更多新的业务线，让你逐步实现专业的多维经营模式。这也是为什么有 1/4 新职业从业者收入过万的重要原因之一。

3. 时间自由、工作灵活

很多新职业不需要"坐班"，合作可以通过移动化办公，有的团队成员甚至连面都没见过（我之前参与的一个兼职开发项目就是这样，成员来自全国各地，全靠网络沟通）。当然，自由只是相对的，实际上新职业对从业者的时间管理要求很高。

除了基础的工作，你还得额外考虑运营收支情况、怎样维护客源、如何定期进修专业水平、是否要扩大业务范围、要不要找人合作……

尤其在初期，每一项额外考虑都可能投掷大量精力。一个人往往要身兼数职，活成一支队伍。

↑ ↑ ↑ ↑

前段时间我一个同事接了个兼职，满肚子苦水。"好累啊，"他深叹了一口气，"最近每晚回家后还要加班到凌晨两、三点，也就几千块钱，想想有些不值得。"我完全理解他。

到了一定程度，工资上涨变缓，人们也意识到不能全靠工资，于是就选择接一些兼职，多挣一些钱。但是，我们还有另外一个选择：以"新职业"的角度去打磨自己的职业生涯。

就拿程序员来说，人社部发布的 13 个新职业中，包含了数字化管理师、人工智能工程技术人员、大数据工程技术人员、云计算工程技术人员等以开发能力作为基础的岗位，它们或许就可以作为程序员发展的新方向。

落到实际行为上，也并不见得需要很复杂的操作。就像这位做底层开发的程序员：

- 你是否可以多了解其他更常用的编程语言？
- 你是否可以多熟悉团队中其他岗位的工作？
- 你是否可以不限于"程序员"的身份，考虑培训、销售等新方向？

总之，不要局限在眼前的环境中。昆仑万维的董事长周亚辉说："人的一生会有很多机会，我相信机会总是均等的，而不均等的是学习能力，这个要在时间上积累。"

多看看别人需要什么、在用什么，自己是不是有办法提供对应的服务。想要破局，只有跳出圈子。所以，别停下学习的脚步，你见识得越多，你的选择也越多。

对我们这代人来说，变化是常态，"一招鲜吃遍天"的可能性将不断减少。主动跟上时代的趋势，将手中的工具灵活打磨成新形态，才能抵挡风浪，披荆斩棘。愿你我共勉。

有时候，"跟对人"也很重要

↑

　　周末跟一位老同事吃饭，我们聊到共同认识的一位朋友 H，让我感触很深。

　　H 先生在 4 年前，被前老板挖到创业公司，他从老板助理，晋升到部门经理，再到技术总监……其中的过程不能说顺风顺水，但结局总归是不错的——薪酬翻倍地增长，加上他算"元老级"员工，年终还享受公司的利润分红。说着说着，气氛突然有些尴尬。一起吃饭的老同事，差不多也是三四年前跳槽，但他跟 H 先生比起来，少了一些"运气"。他一入司便碰上了派系内斗，他不想站队却两头得罪。

好不容易被副总提携，副总又跳槽了。新领导不待见他这样的"老人"，没多久就组建了自己的小团队。原本入司职位比他低两级的人，半年就和他平级了，年终奖还拿得比他多。"H 就是跟对人了，"同事苦笑道，"我和他原本各方面都差不多，现在都快不在一个层级上了。"

我特别理解他的不甘。两人的能力和资质都差不多，一位遇见贵人扶摇直上，一位遇人不淑深陷泥潭。差距非常之大！

↑ ↑

不得不承认，跟对上司能获得快速的发展。但许多人明知如此，平日里却不太重视，或把这些事情笼统地理解为"拉关系"。要知道，在职场，人脉是你非常重要的资源，而上司，更是这个人脉资源库里不可或缺的一部分。

因为很多事情，不论换谁来做，都不会有太大的差异性，在任何一个已成规模的公司里，并没有谁是真的完全不可替代。

除了踏实做事之外，如果有人能拉你一把，你往前跑的速度将大大提高。被称为"最励志前台"的董文红，在 2000 年进入阿里巴巴时已经 30 岁了。她没背景，也不懂互联网，应聘行政助理没被录用，第二次再试，勉强当上了前台客服。

几年之后，因为董文红在岗位上表现不错，在彭蕾的鼓励下，她出任行政主管。此后她一路晋升，从菜鸟网络的 CEO，到阿里巴巴的首席人力官，再到资深副总裁，实现了惊人的跨越。努力和坚持很重要，可有时候，上司的提拔才是让努力和坚持"开花结果"的关键。

这么多年在职场，我见过许多前台和行政，有兢兢业业的，有埋头苦干的，有八面玲珑的，不过无论哪一种，几乎都没有太大的突破。

相比起来，董文红无疑幸运太多。

↑ ↑ ↑

既然跟随优秀的人能快速发展，那么，如何找到这位"对的人"？其中固然有运气成分，但一个人的好运与他自身也有很大关系。

1. 自己先成为"贵人"

李笑来说，首先自己得努力成为一个贵人，你才有可能遇见贵人。

如果你做事认真踏实，能举一反三，主动提供帮助及想法，就很容易得到周围人的认可。刚才提到的阿里董文红，她一开始虽只是个小小的前台，但同事要出差，她会提前准备车次表；炎热夏季，她会主动安排冷饮；甚至主动在客服忙碌时，帮助解答。只要用心，别人都会看在眼里。

2．主动行动

前段时间，带着自己的团队和艺人上节目的经纪人杨天真走红于网络。了解了这位 34 岁、手握 39 家公司的娱乐圈著名经纪人的经历，我脑海中浮现出 4 个字：主动出击。杨天真不是一般的主动。

她在传媒大学读书时，就给行业知名经纪人王京花发自荐短信："花姐你好，我叫杨思维，我特别想跟你工作。"不卑不亢，简明扼要。很快她就收到回复："我喜欢主动出击的人。"

两人见面后吃了顿盒饭，相谈甚欢。王京花说："你下周一来上班吧。"那时的杨天真，不过是一名大三的学生。大部分人，在职场上是被动的，你可以说他老实忠厚，但他们不敢想、不敢说，更不敢主动选择跟随自己认可的前辈。甚至连谈薪水时，都是"犹抱琵琶半遮面"。

任何一种竞争，本质都是对主动权的追求。与其被动等待，不如主动出击。

↑ ↑ ↑ ↑

　　孙悟空如果没跟随唐僧去西天取经，再厉害也不过是花果山的泼猴。张飞如果没跟随刘备，恐怕一辈子都是个杀猪卖肉的小贩。做正确的事，比正确地做事更重要。什么叫正确的事？

　　我认为，正确的事中就包含选对行业以及跟对人。

　　我们在工作时，不妨多留心与同事和上司的相处，他们很可能在某一天，成为你职业生涯里最重要的一个转折。另外，大部分上司其实对主动向自己求教、表达跟随意愿的年轻人，是很愿意给机会的。

　　你多向认同的前辈和领导请教，一来自己会获得成长，二来彼此有了交流，往后更容易产生合作。

　　正是这些"有来有往"，才让泛泛之交成为志同道合的莫逆之交，让优秀的人慢慢走到一起。

有才华却不被重用，很可能是"逆商"不够

↑

在一个路口等红绿灯时，我旁边一位年轻妈妈骑着电动车载着小孩，但电动车坏了。当时正值下班高峰期，街上车水马龙，路人行色匆匆，年轻妈妈可能有着急的事要赶着回去，一直念叨："太倒霉了！根本来不及！"她一边念叨一边责备小孩不该出来玩。后来还骂声越来越大，骂儿子不听话，甚至指责起幼儿园老师……

一直没吱声的儿子，突然"哇"地哭出来。这时路人提醒她，可以打电话给电动车售后人员来修车，附近也有个维修店。

年轻妈妈这才把车推到一边，只是嘴里依然嘟哝着"真是倒霉透顶！早就说以后再去玩……"

看她远去的背影，我忍不住感慨：人生不如意十有八九，没遇到困难时，大家都春风满面，可遇到不如意时，有人瞬间情绪崩溃，也有人哪怕境遇再糟糕，也能顶住压力，绝处逢生。所谓"逆商高"的这类人，多半混得不错。

↑ ↑

这几年在职场，我听到太多人咬牙切齿地说"老板有意刁难""同事不好相处""做生意到处是陷阱""合作伙伴翻脸就坑人"……

以前我认为，一个人爬得多高取决于他的能力，可后来我发现，有的人明明很优秀，却仿佛被罩上一个透明网，使尽全身解数也无法挣脱。因为，他们"刚性有余，韧性不足"。

我一位同事说，他以前带过一个毕业于名牌大学的员工，能力出众、业绩突出，可那位员工就是升不到管理岗：

- 会议中别人对他的方案提出质疑，没说两句他就怒了："是你懂还是我懂？要不你来写？！"

- 客户打电话来催报告，他急得差点没和人家吵起来；
- 平日里为了一点意见分歧经常脏话连篇。

久而久之，同事们看到他就头疼，恨不得绕着走。其实明眼人都看得出来，他能力没问题，但实在"扛不住事儿"。不但起不到领导者的作用，连基本的工作也可能出现问题。

谁上班没有压力、没有烦心事呢？大家都焦头烂额了，还得承受他的负面情绪。

日本作家渡边淳一提出过一个词语，叫作"钝感力"。它跟迟钝不一样，它是指面对困境时的一种耐力。对事情不过分敏感，"脸皮厚一点"，生存力就强一点。

↑ ↑ ↑

事实上，相比于缺乏才华，人们更常见的瓶颈是缺乏处理情绪的能力。之前看松下幸之助的故事，有两件极具反差的事情让我印象深刻。第一件事情，是关于一名叫神田三郎的求职者。

神田三郎是名牌大学毕业生，成绩非常优异，面试时在几百人中排名第二，但由于计算机出现故障，神田三郎的名字没有展示在录用名单内。松下得知后，立即让人给神田三郎发录取通知书。但神田三郎竟然已跳楼自杀了。大家都非常惋惜，认为错失了一个有才华的年轻人。松下幸之助摇摇头说："幸亏我们公司没有录取他，这样的人是成不了大事的。一个没有勇气面对失败的人又如何去做销售？"

第二件事情，是松下幸之助自己的求职故事。

自幼家境贫寒的他，矮小瘦弱、衣着肮脏，去电器公司求职时主管看不起他，便随口说："现在不招人，你一个月以后再来吧。"这话本来是推托之词，没想到一个月后松下又来了，主管又找了个理由打发他回去。过几天，他又来……如此反复多次，主管索性说："你太脏了，进不了我们公司。"

松下马上借钱买了一身干净衣服，再来。主管又说："电器方面你懂得太少。"没想到，松下两个月后再次出现在主管面前说："我已经学会了不少有关电器方面的知识，您看我哪方面还有差距，我一项一项地弥补。"松下幸之助终于打动了主管，得到这份工作。

越是逆境，越看得出一个人的上限在哪里。人的一生起起落落，逆商高的人是个橡皮球，掉下去会再弹起来，而逆商低的人是个玻璃球——一跌落，就碎了。

↑ ↑ ↑ ↑

什么叫"逆商高"？我一位 HR 朋友有一条定义：能客观看待困境，及时采取有效行动，并且很少让负面情绪蔓延。换句话说，不会一味地沉湎于挫折中。

这方面，王宝强让人特别佩服。他曾亲自上台领取"金扫帚最烂导演奖"，成为金扫帚奖举办以来，第一位到场领奖的一线明星。对所有电影人来说，获得金扫帚的奖项无疑是一种耻辱。

但王宝强不仅来了，而且登台发表了一番真诚而又不失水准的获奖感言。主持人有意帮他宣传新作品的时候，还被他拒绝了。他说今天就是来接受批评的，不会为自己宣传。在他发言期间，现场响起了三次雷鸣般的掌声，无数人对他刮目相看。

↑ ↑ ↑ ↑ ↑

比尔·盖茨曾说："巨大的成功靠的不是力量，而是韧性"。真正优秀的人，都拥有强大的逆商作为他们坚实的后盾。他们永远能从最坏的状况里找到生机，在不堪的境遇中坚守希望。

这样的人，不是赢在风平浪静时的意气风发，而是赢在狂风暴雨中的抵浪前行。

你会看到，最艰难的逆境，最容易拉开差距。那些早已把"玻璃心"打磨成"钻石心"的人，才能披荆斩棘地笑到最后。

第 *4* 章

经济学视角，帮你理清思路

真正拖垮你的，是沉没成本

一次整理书柜翻出一张美发卡，我才突然想起办理后只用了两次，家附近的分店就关了。虽说其他分店可用，但来回路程将近 1 小时。花出去的钱就这样"打水漂"了。

把它视为浪费也好，沉没成本也罢，总归是让人伤神伤钱的事。可沉没成本总有让人念念不忘的魔力，你会为此懊恼，或是死死不愿放手，越陷越深。

↑

很多人在公交站，等车越久，越不愿"打的"——不是"抠门"，而是不甘心，人们宁愿在烈日下继续满头大汗地等，也不想让已过去的时间"被浪费"。

比如恋情或婚姻明明已名存实亡，可许多人仍然不愿分手，宁可彼此继续消耗时光、不断让痛苦发酵。

诺贝尔经济学奖获得者斯蒂格利茨曾用一个生活中的例子来说明什么是沉没成本。

假如你花 7 美元买了一张电影票，你开始便怀疑这个电影是否值 7 美元。看了半个小时后，你最担心的事被证实了：影片糟透了。你应该离开影院吗？在做这个决定时，你应当忽视那 7 美元。它是"沉没成本"，无论你离开影院与否，钱都不会再收回。此时，离开影院是一种更明智的选择，因为你不需要在"浪费 7 美元"的基础上，再浪费自己宝贵的时间。在实际生活中，很少有人能理智地做出"离开影院"的选择，因为承认"7 美元花得不值"，是如此地让人心疼。太多人对所谓"浪费"资源担忧害怕，逃避面对已有的损失，却在层层嵌套中不断投入新的成本。

↑ ↑

前几年我心血来潮买了一台健身的骑马机，心想以后在客

194

厅就可以边看电视边运动了！但 3 个月不到，我就后悔了：我在家的大部分时间都是在书房，偶尔到客厅，也是想躺在沙发上休息一会儿。爬上骑马机对我来说不亚于用刑。

结果，这个"大家伙"一放就是两年多。不仅没有起到作用，它还影响了房间的搭配，减少了视觉空间。

人的本性倾向于不断占用资源，至于是否值得、是否有意义，则是理性负责判断的事。一旦理性放松了警惕，本性就像滚雪球般越滚越大，把你拽下山崖，难以起身。

↑ ↑ ↑

如何防止被沉没成本拖垮呢？有两点：第一，让自己回答一道假设题；第二，开始时，想好止损线。

首先，当你真到两难的境地之时，你不妨问问自己：倘若不需付出成本或代价不大，自己会如何选择？这种方式尤其适合于工作、情感等不可量化的领域。

面对眼前无法令你满意的工作，若你只做 1 个月而不是 5 年，你是否仍愿意继续？若感情持续只不过短时间，你是否愿意继续与对方磨合？点的外卖相当难吃，若这是别人请客，你会不会直接下楼买点好吃的？若不是花高价而是免费得到线上课程，那么，发现老师讲的内容枯燥乏味，你还会继续花大量精力把整套课程听完吗？事情分开来看，答案很可能就呼之欲出了。

其次，在开始时想好止损线。这种方式适用于那些可以用金钱、时间作为衡量标准的情况。

例如在购入股票时，想好它亏损到什么程度便需要抛售，便能让你在很大程度上摆脱侥幸心理。越大的投入，越需要在开始时慎重。认真学习游泳很重要，但不让自己在水里淹死更重要。

我们终究不是神，无法保证事事如意。这辈子总会遇到损失，难免浪费些什么。但只有不被浪费困在无止境的黑洞中，才能"翻篇"转向春暖花开的未来。

看似不起眼的小钱，值不值得花？

一次，朋友给我转发了篇热文《30 元一杯的咖啡，5 年我喝掉一套房》。朋友开玩笑道："你 5 年应该能喝掉 3 套房吧？"

我说："你瞎说什么呢，至少 5 套！"好吧不闹了，我在手机这端泪眼婆娑地回复："你们放心，我就算没喝咖啡，也攒不下 1 套房。"

↑

一对夫妻，每天早上必定要喝一杯拿铁咖啡，看似很小的花费，30 年累计算下来竟达到了 70 万元！

后来，人们就用"拿铁因子"来指那些"可有可无"的东西。别小看这些"可有可无"的东西，长期积累下来，它们真能形成"庞然大物"。

我身上的"拿铁因子"不少。

比如口红。有段时间我特别喜欢买口红，各种颜色、品牌的口红买了一堆，没多久就察觉不对劲了。我日常用的就两支口红，颜色一深一浅。其他色号的口红，买的时候纯属猎奇心理作祟，用两三次之后就很少再用。

比如网课。我之前 1 个月买过 20 多门网课，从职场社交、营养搭配到解说名著，包罗万象。可事实上，70% 以上的课程我都没听完。就算听完，你让我复述一遍内容，我也说不出来。

所以，拿铁因子的重点，不在于它的价格，而在于这样东西，是否产生了匹配价格的预期价值。

↑ ↑

其实，大部分人是很难察觉出拿铁因子的。有个词叫"禀赋效应"，它由 2017 年诺贝尔经济学奖得主理查德·塞勒提出。简言之，就是你拥有某样东西后，你对这样东西的评价会变高。

有段时间，一到下午上班，我就本能地呼朋引伴，拼单点奶茶。点奶茶变成固定模式，奶茶一时爽，一直喝一直爽，于是我还美其名曰"仪式感"。

同事问："你还喝上瘾啦？不喝会怎样吗？"我振振有词："不喝容易饿啊，还特别容易累。"后来朋友们逐渐对奶茶没兴趣了，没人拼单，我只好作罢。几天后，我也对奶茶失去了兴趣，之前说的"不喝容易饿、容易累"也完全没有发生。

可见，当你习惯某件事时，你的潜意识就会找五花八门的理由让它变得合理化。例如：

- 习惯打车，你就认为舒适方便很重要，哪怕你的时间充裕，公共交通更便捷。
- 习惯买会员，你就认为每个网站的会员都值得买，哪怕有的会员权利你只用了一两次。
- 习惯喝星巴克咖啡，你就认为星巴克咖啡最好喝，哪怕是最普通的美式。

一旦顺理成章，你的钱便大摇大摆地离你而去了。

　　我向来支持年轻人攒钱，因为自己的第一桶金，就是老老实实靠工资攒下来的。但是，我们的注意力，应该逐渐转移到花出去的钱上。好的花钱，其实是好的投资。

　　一件事从投资角度看，不是看支出多少，重点是看回报率。使用频率如何？有无浪费？有何效果？回报是否达到预期？在我眼中，积少成多的不叫拿铁因子，投入产出比过低，才是货真价实的拿铁因子。

　　网络上看到一句话："攒钱是苦力活，花钱是技术活。"这句话有一定道理，因为钱只有在花出去的时候，才是真正体现价值的时候（当然，前提是你有钱可花）。如果你暂时没什么目标，那么，踏实攒钱、尽早买房，是不会出错的；如果你有一定想法，比如提升自我，那么，拿出一张纸，左边写上支出金额，右边写上预计回报，掂量后果再做出决定。

　　拿铁因子的最大意义，并不是帮你攒下多少钱。毕竟在这个多元化的社会，资本有许多呈现方式。它的意义，是告诉你两句话：一是"没必要花的钱，多花 1 分钱都浪费"；二是"有必要花的钱，10 万都不嫌少。"

"峰终定律"，让你事半功倍

↑

我妈和几个朋友报名了某旅行社的一日游，人均只需99元，远低于市场价格。

她开心得眉飞色舞，我心中却忐忑不安。这种低价游很可能藏着骗局，我只好叮嘱她："千万别在购物商场乱买东西，千万别理会导游在车上的推销。"

我妈愉快地保证了。回来后，她亢奋的表情还是让我心头一紧。

"今天玩得怎么样啊？"

"可好了，挺热闹的，安排得也不错。"

"有去什么购物点不？"

"没有。"

"有推荐自费项目不？"

"没有。"

"午餐吃得怎么样？"

"在星级酒店，菜色不错。"

我还没回过神来，我妈转身拿出一瓶东西，说旅行快结束时，导游还免费给每位游客送了一瓶当地特产山茶油，价值30元。我心想，他们服务还挺好，可这绝对得亏钱啊！细问了下，大概明白了。

那家本地旅行社最近贴钱做口碑，大巴上导游确实拿着喇叭向游客们推介，但推介的内容并不是强制游客去指定购物点消费，而是介绍他们旅行社的特点——"0购物，0自费"。我妈说，不少同行的游客特别满意，下车前还定了旅行社其他特色游路线。果然，这招比强制景点消费高明多了，既坦诚又聪明。

坦诚在于，这家旅行社没有像网上曝光的那些"低价游"

一样，先以低价吸引来客户，再威逼利诱他们去额外消费。聪明在于，它很好地抓住了几个关键时刻，给人留下非常好的印象，从而提升了游客体验，推动了二次销售。在现代社会中，这样的例子无处不在。

↑ ↑

英国经济学奖、诺贝尔获奖者丹尼尔·卡纳曼曾经提出个著名的定律，叫"峰终定律"。根据他对记忆的研究表明，人在经历某件事后，只能记住两个因素，第一个是"事件高潮"，第二个是"结束时刻"。其他因素对整体体验，并不会占太大比重。一个"峰"，一个"终"，主宰全局。

去过宜家的朋友可能有这样的感触，宜家最吸引人的，是出口处售价仅 1 元的冰激凌。有人甚至开玩笑说："我就是想吃冰淇淋才去的宜家，谁知道每次都逛了大半天。"这么便宜的冰激凌不会赔本吗？当然不会。

宜家的购物路线实际上并不友好，有时候想买个东西，你得逛完整个宜家，非常累人。而甜品的售卖区设在出口，是必经之路，1 元钱的甜筒即便宜又美味，不仅让人疲惫感荡然无存，还让人有一种占便宜的快感。

正因如此，宜家在中国仅一年就售出 1200 万支甜筒。回头来看前面提到的 99 元低价游。"峰"是出色的路线安排与服务，以及实惠的价格；"终"是快结束时免费送的一瓶山茶油。这么好的服务，谁都会感到印象深刻的。

↑ ↑ ↑

有一次，一位资深员工很不服气地说，他们部门一位年轻员工入司没多久，突然就加薪升职了，真让人不解。其实很可能是因为，他在某些关键时刻表现出众。

不管他入司时间多长，其他方面做得如何，有哪些优、劣势，只要在关键的地方做得出色，老板对他的最终印象，就会是正面的。我一位朋友刚跳槽没几个月，便碰上个很重要的演示介绍。当时，她的上司突然生病住院，一时半会儿找不着人选，只好让她顶上。

虽有一天时间准备，但她反复练习到凌晨 2 点。第二天的演示相当成功，上司对她刮目相看，之后上司便说，可以让她接手一部分更有含金量的任务，好好培养。

这类事情，在职场上不胜枚举。

↑ ↑ ↑ ↑

　　我曾问过几个当老板的人，他们最愿意提拔哪些员工。他们说，有某项特长的员工，哪怕其他能力相对一般；反之，无功无过的员工，最没有存在感。

　　在互联网公司工作的莱莱，挺感慨地聊过一件事。有 A、B 两位经理，他们从能力到资历各方面都差不多，但老板对 B 经理的印象比较好。莱莱以前不明白，以为这不过是老板的偏好罢了，直到她调到 B 经理分管的部门才发觉真正原因。举个例子。

　　所有经理中，只有 B "会"开项目总结会。不是自己一个人发表意见和观点的"演讲会"，而是让每个员工都一一总结。然后，他把项目成果、经验、教训都认真总结一遍。最后，B 再主动写份 2~3 页的项目报告发给老板。A 经理总认为，这种会议是形式主义的表现。可年会上，老板特意提到这件事，并要求以后每个项目都要这样"善始善终"地收尾。

　　这些年见过太多的职场人，他们似乎做得还可以，但也只是"还可以"。说他做得不好吗？好像也不是；说他做得好吗？貌似也谈不上。久而久之，陷入庸碌无为的平淡僵局。

用万维钢老师的话说，如果要赢得顾客的好评，有一个有效的原则，那就是"多数可遗忘，偶尔特漂亮"。大部分情况下，中规中矩；关键时刻，使劲发力。是金子总会发光？错了，这个时代懂得发光的，才是金子。

省钱上瘾，有可能越省越穷

有一句话你可能听过："省钱就是挣钱。"可我发现两件挺有意思的事情。

一是，常把这句话挂在嘴边的人，通常挣不到什么大钱。二是，真正把"省"做到极致后，个人财务上也很难有可圈可点之处。

一位年轻的程序员同事，能将一张餐巾纸分成 4 次使用，点外卖为了省 3~5 元能花 20 分钟凑红包或拼单。

他曾略带自豪地说，他每月除去房租水电，消费只要 600

块。午餐最常吃 8 元一份的饺子，晚餐回家自己煮面。衣服和日用品非打折不买。

尴尬的是，前阵子他很不好意思地向我们借钱，说朋友结婚，要准备些份子钱。"怎么感觉越省越穷啊……"他不经意地嘀咕道。

↑

其实本末倒置的省钱，会造成巨大的金钱损失。我对这点感触最深的一件事，是买笔记本电脑。

两年前，我为了移动办公方便打算再买一台笔记本电脑。我心想，反正主要用来码字，不如就买个性能一般的，只用 4000 元就够了。可买回来之后，没多久就开始出现问题。

先是屏幕不定时出现竖线，再到休眠唤醒时会突然亮度满格。有一次，电池居然凸起了一块。我当时正在赶一篇稿子，又实在担心鼓包的隐患，只好抱着笔记本电脑到线下售后点维修。一来一回，1 个多小时就这么浪费了。我马上决定换一台笔记本。痛定思痛，我内心默念：以后越是高频使用、越重要的东西，越不能省钱。

很多时候我们所谓的"省钱"，是买那些看上去更便宜的替代品。原本想买 A，但 A 太贵，于是买了看起来差不多、价格却更便宜的 B。结果使用时状况连连，最后不得不又回头买 A，或是置换同等级的商品。本以为能省出一笔钱，结果反而多花了一笔钱。

↑ ↑

这几年，我慢慢看清一点：过分省钱，容易让你忽视更重要的事。因为几乎没有任何一件事，可用单一维度衡量利弊。

你眼中的"亏"，没准是个惊喜礼包；你眼中的"赚"，可能让你血本无归。

我一位原本在 2018 年就想买自住学区房的同事，到今年还没买成。近两年楼市不太好，房价微跌，他始终犹豫不决，总想着过阵子会不会继续跌。最近，他所在的城市发布了入学新规，要求学区房在 6 年内只能有一个在片内小学就读的名额。

同事心仪许久的学区房，顿时价格飙升，每天看房源 App 他都"心惊肉跳"。在此之前，他经常说的一句话是："我要买的房既是刚需，又带学区，当然要慎重。"可这并不是慎不慎重的问题，说白了，同事心中抱着的是占便宜心态。

在到买房或是投资这类大额交易上，许多人总是期盼自己入手的是最低价，而忘记了做这件事的本质和目的。真到房价腰斩了，他们会买吗？不会。他们会以为还能再跌一半。结果就是，在占便宜式的省钱心态中，不断失去机会，直到永远错过。

↑ ↑ ↑

《穷爸爸富爸爸》里有一个观点：金钱并不能使你变富有。钱只是个工具，只有合理聪明地花出去才能产生价值。否则拥有再多的金钱，也只是一个冷冰冰的数字。

不少人省钱，是抱着"省下越多，我就越富有"的心态，于是斤斤计较、患得患失。

其实，这在很多时候是得不偿失的。我认识的一位女性朋友，怀孕后辞职在家待产。1年半后，她打算请个保姆做家务，然后自己重返职场，结果却遭到老公和家人的阻拦："明明你可以带娃，为什么要请保姆，花那冤枉钱？"

对他们来讲，职业规划不重要、挣钱能力不重要、兴趣爱好不重要、享受生活不重要，省钱最重要。这种生活品质，钱赚再多又如何？其实，省钱的意义不在于"不花钱"，**而在于你攒下一笔钱，它能用来购买更多服务，它能让你有时间去做更擅长的事，它能让你产出更有价值的东西。**

作家安娜·拉佩说，每一次花钱都是在为你想要的世界投票。不花钱，意味着你投了弃权票。

经济学中有个说法：本金不足时，勿寄希望于资本力量。许多人一边拼命省钱，一边在收入上乏善可陈。解决问题，最快的方式是"抓主要矛盾"。培养赚钱技能，明显能解决大部分问题。舍本逐末地去省钱，到头来不过是一场自我安慰罢了。

↑ ↑ ↑ ↑

财富的意义是什么？我觉得包含两点。

1．增强你判断轻重缓急的能力

熟悉我的读者知道，我向来支持年轻人攒钱。可攒钱和吝啬，完全是两码事。当你明白储蓄在个人财务上的重要性，更能分清哪些是重要的事、哪些是没必要的事，每件事的权重在你心中日趋清晰。

它让你更加理性，也让你的钱发挥更大作用。优质的花钱足以升级你的财富，刚才提到的学区房，就是个典型例子。

2．增加你控制金钱的能力

比尔·盖茨说过一句话："金钱需要一分一厘地积攒，而人生经验也需要一点一滴地积累。在你成为富翁的那一天，你已成了一位人生经验十分丰富的人。"

一个人在增加财富的同时，他对财富的理解、对金钱的控制、对消费的理解力，也将逐渐强化，直至成为金钱的主人。最后我想说，当我们提到省钱、提到延迟满足，不是说你要勒紧裤腰带过苦日子，而是利用它帮助自己建立理性金钱观。

你挣钱的能力在变强，你用的东西在变好，你花的钱却在变少，以及你有办法让自己的财富处于迭代增长的良性循环。你生活的所有层面，都在朝好的方向走去。这或许才是我们真正想要的。

为什么有的便宜不能占？

"没有侥幸这回事，最偶然的意外，似乎也都是事有必然的。"长久以来，我都认为爱因斯坦的这句话，是句废话。

后来发现，很多时候我们之所以踩坑，的确都是因为心存侥幸。尤其面对免费的"馅饼"，总是控制不住把手伸过去。

↑

前些日子我一位亲戚装修，用她的话说："身心简直经历了一次惨无人道的摧残。"请来的工人，不仅偷懒，做工还十分粗糙，亲戚只得每天跑去当监工。

有一天她有事没去现场，回来时"傻眼"了：浴室的瓷砖贴倒了。她精挑细选的花纹，不伦不类地出现在眼前。工人满不在乎地说："哎呀，不碍事的。"这下亲戚怒火中烧，当场和工人吵起来。聚餐时我们听到自然愤愤不平："既然这样，赶紧换工人啊！"

"他们中一个是我朋友的表弟，一个是朋友的老乡，我总不好和朋友说辞退他们吧？"亲戚说到这里突然安静了，嘴角抽动了两下，接着说，"当初看价格比外面工人便宜一半，又是熟人，所以就……"我突然明白了，这又是一个典型的"熟人陷阱"。

↑ ↑

中国是"熟人好办事"的人情社会，其实这并没什么好或者不好，但问题的关键在于，许多人滥用人情，潜意识里把它当成张免费兑换券，殊不知，到手的往往是一颗烫手山芋——吃也不是，丢也不是。我的高中同学 KK，在朋友圈看到一位关系平平的朋友开了一家婚纱摄影工作室，邀请新人免费体验。他一看能省下一大笔钱，内心十分激动，便主动联系那位朋友，说他正准备结婚，希望体验一把。朋友倒也热情，一口答应下来。

可拿到照片一看，风格和广告中的大相径庭，是那种 20 世纪 90 年代的影楼风。KK 虽觉得不好看，但还能勉强接受。但未婚妻不干了，直接气哭。一会儿说太土要重拍，一会儿指责他贪便宜，就是舍不得为自己掏钱。

更令人恼火的是，朋友未经他许可，便将"小两口"的婚纱照挂在店内墙上。到最后，KK 说朋友拿假宣传图骗他，朋友说 KK 占便宜还不知足，不欢而散。看似双赢的事，怎么会变成这样？

第一，熟人 ≠ 人脉。一套婚纱照上千元钱，平时即便拿来做赠送活动，通常都有附加或限制条件。你和人家不过是普通朋友，他凭什么白白送你？

第二，就算是人脉，也不是无限量免费供应的。"来而不往非礼也"，且不说以后会不会帮助对方，至少当下也要请对方吃顿饭吧？

第三，没有付费，就没有约束力。别人可以随时收回承诺，不必付出任何代价。

有句话叫"将欲取之，必先予之"。放在人情关系中，我的理解是：付出与得到，长久来看始终是天平的两端。

有一次我办理签证，一位在小旅行社上班的长辈听说后，主动说她能搞定，还能给个亲情价。我内心一动摇，答应了。一开始便隔三岔五地补交材料，离出行日期很近时她突然告诉我，材料有些问题被退回来了："偶尔会出现意外啦，你能改期出行吗？"

我差点就崩溃了，我的机票、酒店全都订好了，改期出行不仅麻烦，还会损伤一笔钱。

我当机立断，第二天就去自助游网站上，花了不到700元便找到一家本地旅行社办理。按照他们要求快马加鞭地重新整理材料，这才有惊无险地赶在出行前拿到签证。

有些"亲情价"，可能本来就是服务和质量低于平均，价钱才低于平均。一分钱一分货，这话是有一定道理的。

↑ ↑ ↑ ↑

《穷查理宝典》一书中说，在大多数情况下，要说服一个人，从这个人的利益出发最有效。听起来有些冰冷，但维系一段感情的有效方式，就是"明算账"。

　　总结起来就两点。首先，说出要求与报酬。金钱关系是种潜在的契约关系，多数人拿钱后，责任感随之升温。我们使用人情的目的，不是要占多少便宜，而是希望更省心、更便利地达到目的。况且，给予一定报酬后，提要求也不至于不好意思。其次，表达感谢。别小看这4个字，很多人找人帮忙后，认为不过是举手之劳，说"谢谢"显得"生分"。可是，"举手之劳"是帮助者的谦辞啊。发个小红包、请顿下午茶，哪怕说句"辛苦了"，都比一声不吭要好。

　　这年头，谈感情比谈钱更让人焦虑。谈钱，还能有个明码标价；谈情感，一不留神就谈崩了。免费的东西，到头来你会发现——不仅不经用，还丧失了应有的边界感。又何必呢？

不经思考的从众，只会让你看起来很傻

↑

　　前段时间，网上流行一款水果茶，我在朋友圈里看到好几次它的身影。许多朋友不仅用华丽辞藻表达对它的赞美，甚至为了买一杯水果茶特意跑去排长队。有一天我刚好路过，看到排队的人不算很多，脑子一热，我便站到队伍末端。10分钟后，外观炫目的水果茶到手。

　　喝了一口，味道却感觉很一般。入口是气泡水的味道，然后是淡淡的水果酸涩味，紧接着一种糖精的甜味袭来，让人猝不及防。

真令人大失所望。我不单心疼 25 块饮料钱，更心疼排队的时间。

↑ ↑

盲目从众，有时候会让人丧失最基本的判断力。

日本有一档综艺节目，节目组让 100 个人走到街上，默默包围住一个正在行走的路人。突然，所有人同时趴下，看看夹在其中的路人会有什么反应。结果，多数路人也会跟着一起趴下。

哪怕完全不知道发生了什么，也颤颤巍巍地趴下了。社会心理学的研究证实，如果脱离了大多数，会让人产生不安。尤其是对自己缺乏自信的时候，这种心理效应会更加显著，它也被称为"同调行为"。我们习惯以多数人的行为，代替自己的判断。

- 看到网络舆论一边倒地在骂某个人，你也可能会没有缘由地跟着骂。

- 看到过马路时有人闯红灯，你很可能也动了跟着过去的念头。
- 看到超市里有人抢购特惠商品，你也可能跟着买了一大堆自己不需要的东西。

就拿前面说的水果茶来说，我在平时既不爱喝水果茶，又不喜欢去网红店"打卡"，为什么那天我就鬼使神差地站到队伍后面？还不是因为我看到有不少人在排队啊！很多时候，我们用直觉代替了思考，不自觉地跟随他人的判断。久而久之，变成了面目模糊、行为趋同的一群人。

↑ ↑ ↑

事实上，"从众"并非贬义词，它有正反两面。我周末习惯在一家咖啡店码字，效率比在任何场所都高。一开始我也挺奇怪，到底是冲咖啡小哥身上的阳光味道，还是老板带着商业关怀的微笑，让我如此神魂颠倒？

直到有一天，我环顾周围才突然发现奥秘——那家咖啡店在小巷子里，很安静，丝毫没有位于 CBD 或是购物中心的喧闹。店内 90% 的顾客都是像我这样带笔记本过来工作的人，周围人都在安静工作，自己也会沉下心来，专注力不知不觉地提升了。你看，群体的影响是不是带来了正面作用？

消极的从众，看到别人"跳到坑里"，自己也迈腿往坑里跳。积极的从众，当你无所适从时，看着别人的成长，或许自己也有了新动力。

↑ ↑ ↑ ↑

法国科学家法伯曾做过一个"毛毛虫试验"。这种毛毛虫有个特点：习惯跟随。法伯把几只毛毛虫放在花盆的边缘上，使它们首尾相接，围成一圈。同时，他在离毛毛虫不到 6 英寸的地方，撒上虫子们爱吃的松叶。

没多久，毛毛虫开始一个接一个地绕着花盆团团转。1 个小时过去了、1 天过去了、两天过去了……直到第 7 天，可怜的毛毛虫终于在筋疲力尽和极度饥饿中死去。法伯在实验笔记中，写下一句耐人寻味的话："在这么多毛毛虫中，只要有一只稍与众不同，大胆尝试、走出圈子，便能立刻避免死亡的命运。"

然而，这类事情，我们周围每天都在发生。

职场上：会议室里有十几个人，你明明有个足以让人拍案叫绝的想法，可你左顾右盼发现大家都不说话。于是，你默默把提案咽回肚子里。

生活中，抢购潮、补习班潮、择校潮、留学潮、旅游潮……各种潮流非常多。当你看到几个朋友的小孩都报了海外夏令营、请了私教，心里焦虑万分：千万不能让孩子输在起跑线上！一狠心，哪怕透支了信用卡也要报名。

在投资中：一听到某只股票的"内部消息"，内心就不淡定了。牛市里拼命追涨，制造泡沫；熊市里盲目杀跌，一脚踏空。既没能力也没耐心去看穿喧嚣，在群体情绪的引导下，听风便是雨。

这个世界上，从众的人有两种：**第一，不经思考便从众；第二，经过分析之后才选择从众。从众不一定是坏事，但脱离自我思考，肯定不是好事。**

别让"财务自由"束缚了你的人生

最近几年，我周围朋友聊到个人财务状况，经常有意无意提到"靠这点收入很难财务自由啊""希望40岁能财务自由""所有自由不都建立在钱上吗""等以后财务自由就好了"。我不知道这算好事还是坏事，但这是一种现状。

大部分人对"财务自由"的理解是，有一大笔钱，可以稳定获得利息，从而安逸到老。

但对于大部分人来说，财务自由就像都市中的繁华夜景，璀璨美好，却不易触及。

《吐槽大会》一期节目中，李诞说他和王思聪在 KTV 唱歌，听到王思聪深有感触地唱《新鸳鸯蝴蝶梦》那句"谁又能摆脱这人世间的悲哀"时，把他震住了。当时许多人颇感欣慰，连首富的儿子都不能摆脱悲哀和束缚，世上哪还有什么随心所欲的自由？

　　"精神自由才能财务自由"，这句话听来非常虚伪，但细细品味，却也有几分道理。就拿人们很爱标榜的"月入 3 万"来看，有的人过得如履薄冰，每天都是成日成夜地工作；有的人过得潇潇洒洒，充实而知足。

　　同样物质条件下，人的主观世界很大程度决定了生活状态。

　　在有的人眼中，拥有想要厚厚一沓 VIP 黑卡、领口绣着名字缩写的高定衬衣、市中心 CBD 的江景小复式，这才算衣食无忧。而在另外一些人眼中，每天上班穿着普通衬衫足矣，周末约几位好友共度，时不时给家人做顿可口的饭菜，也是一种衣食无忧。以上二者都有道理。

　　提高经济能力到某个程度后，靠物质得到的幸福感逐渐稀释，所谓自由，其实与你的主观想法不可分。

确实，工薪族没必要把财务自由作为摆在"神坛"上的追逐目标，不如把目标放小些，做些不起眼却有效提升生活品质的事：

1. 自己和家人好好活着

多少人感慨"有钱真好"不是在买房买车时，而是在医院里，这挺让人唏嘘。身体健康时，也应配置商业保险，万一遇到意外也不至于经受身体与金钱的双重打击。

2. 有一份能体现价值感的工作

虽然很多人把薪资当作选择工作的第一考虑因素，可要想一份工作做得长久，做得有意义，热情和价值认同都是必需品。

3. 量入为出

有一期《圆桌派》节目中，窦文涛问了这样的问题："什么时候你觉得自己特缺钱？"马家辉说了一句令人拍案叫绝的话："你的欲望比你的收入多一块钱，就是贫穷。"

"财务自由＝被动收入＞花销"，人们习惯把目光聚焦在"被动收入"与"花销"上，而忽视了最重要的是中间那个"＞"。放弃为虚荣或过分的欲望买单，至少让自己过得更从容自在。**人生重要的不是结果，而是过程。**只要你比前几年、去年、上个月生活好了那么一点点，都值得击掌欢呼。毕竟，我们追求的从来不是"财务自由"4个字的认证官印，而是努力追寻路上，那个变得更好的自己。

"90后"，真能靠攒钱改变现状吗？

　　知乎上有一个挺有意思的话题："90后"这一代，真的还能通过攒钱改变现状吗？这几年我发现，"攒钱"这两个字变成一个带有争议色彩的词。我周围的年轻人，持有立场鲜明的两种态度：第一，老实攒钱，为了日后轻松；第二，及时行乐，趁物价飞涨前还是早点消费。

　　前不久有位大三的年轻朋友问我："许多人都说存钱就是碗毒鸡汤，不仅影响了生活品质，还把钱都白白喂给通货膨胀，越攒钱，越亏钱。是这样吗？"

多数普通人的第一个 10 万，其实是靠工资攒下来的。中国人素来有存钱的习惯，但在"90 后"这一代突然发生了转变。从几个数据中不难看到这点："90 后"的平均存款只有 815 元；"90 后"人均负债 12.79 万元，负债额是月收入的 18.5 倍。

许多年轻人的负债并非因为房贷，而是超前消费。今朝有酒今朝醉，这种及时行乐的感觉似乎挺好，但如果你没有足够的经济基础，这种模式是不可持续的。

↑ ↑

再说另外一个我观察到的现象。能攒下钱的人，相比同龄人都有几个厉害的优点。

第一，自律。罗振宇说：自律带来体面，让自己变得更好，事情自然会变好。自律一个很重要的体现，就是延迟享乐。而即时享乐的逻辑通常是这样的：

"活着不就是吃喝玩乐的吗？攒钱留给下一代吗？"
"喜欢就买，拥有要快。"

"过好眼前才是王道。"

如果说，即时享乐是一种活在当下的态度，那么延迟满足，就是一种活在未来的能力。正如斯坦福大学那个著名的"延迟满足"试验，那些克制自己不吃糖的小孩并不是不想吃糖，而是他们知道 20 分钟后，自己将比其他人多吃一颗糖，于是忍住诱惑。短短 20 分钟就多得到一颗糖，那 1 小时、1 天、1 个月、1 年之后，在时间的复利作用下，多得的又岂止是糖果？

第二，懂得取舍。先明确一点，所谓"节省"，不是做个"守财奴"，而是不在错的地方胡乱浪费。就像陈嘉庚先生的孙子陈君宝，在一档节目中谈到爷爷的金钱观时说的话。

主持人敬一丹问："你对爷爷印象最深的是哪句话？"陈君宝脱口而出："该花的钱，千千万万都要花；不该花的钱，一分一厘也要省。"人生这张问卷，是由一个个选择题组成的。

- 攒下几个月工资，选择兑换一趟心仪的出国旅行；
- 攒下不必要的"拿铁因子"，选择给自己报了个专业课程；
- 攒下几年的业绩奖金，选择买了一辆代步车。

从我自己的亲身体验看，这个过程并不痛苦，生活也没变得毫无乐趣，反而让我明白：如果一样东西可以被轻易替代，说明它并不是我真正需要的。

第三，规划性强。曾有个程序员的买房攻略上了热搜，我截取了部分目录：

一：认识杭州从板块说起

1. 房产板块划分图
2. 杭州行政区域主城区
3. 杭州其他区域行政划分
4. "19 大"后杭州的重点建设区域划分和定位
5. 2 个主中心
6. 7 大城市副中心
7. 2017 年杭州各板块地王及楼面价地图
8. 2017 年杭州各板块房价地图
9. 2017 年杭州热门板块和最高地价参考图
10. 2018 年各板块楼市供应库存

二：关于房子要知道的一些概念

1. 用地性质
2. 容积率
3. 买房时定金、订金、诚意金、认筹金区别
4. 绿化率多少合适，住宅小区绿化率标准
5. 楼层净高
6. 为什么每层住宅楼层默认高是在 3 米左右
7. 杭州 2017 年的现房销售政策
8. 3 分钟！搞定杭州人才居住证
9. 买房选择东边套、西边套，还是中间套
10. 公摊面积
11. 房子如何买及首付要求
12. 二手房购买政策

这话题在当时引发了一场奇妙的讨论，大致是：为什么程序员特别容易攒下钱？除了程序员收入相对高以外，我觉得还有两个原因：一是逻辑清晰，二是习惯量化。

我买房时，也是制定好一张 Excel 表格，拆解出十几个分项点，写上预估分，再打印出这张表去看房的，每看完一套房，便进行实地打分。最后，我在 1 天内，按照优先级看完 17 套房，当天买下最中意的一套。攒钱这事同样如此。为什么大家都喜欢用记账 App 的方式辅助攒钱？就是因为钱是比较具象的东西，很容易通过量化预算、量化开支、量化收入来控制。这一系列操作，就让攒钱变得井井有条起来，成功率大大提高。

↑ ↑ ↑

回头看最初的问题："90 后"的一代，真的还能通过攒钱改变现状吗？

我的答案是：可以。但现状并不仅仅是被攒钱改变的，而是由攒钱过程中所生产一系列"蝴蝶效应"改变的。当你开始攒钱，你会发现：看到账户数值增加的快感，足以转化为更努力赚钱的动力。看到目标被一点点实现，那份成就感让你觉得一切都充满希望。

看到一笔数字可观的积蓄，它能让你更有安全感，也更有勇气做决定。那些能攒下钱的人，他们的特点看起来都不是特别难做到的细节。但撒切尔夫人说过：

注意你的行为，因为它能变成你的习惯；

注意你的习惯，因为它能塑造你的性格；

注意你的性格，因为它能决定你的命运。

水滴石穿，莫过于此。攒钱，是年轻人累积下第一桶金最可行的操作。随着金钱的积攒，你的思维和经验同时也发生变化。等你攒下第一桶金，你就有能力将它发挥出理想功效，继续帮你赚钱。而你的财富越多，你的机会就越多。

如何才能找到有"钱途"的工作?

"搞开发既没前途也没钱途啊。"CC 说这句话时,我原本想安慰几句,想了想,先作罢。

他的处境有几分尴尬。

一毕业就做程序员,3 年多后发展不顺心转去做市场。偏偏性格与岗位不合,一年后,奖金寥寥无几稳居部门垫底。接着回归老本行,做外包企业的技术经理。不料公司业务收缩,技术岗绩效与营收挂钩,CC 的钱包又缩水了。

有钱途的工作，到底哪里找？我没水晶球，没法预测未来什么样的工作风光无限。最近周围朋友包括我自己，职场上都遇到一些挺值得反思的事情，借机捋一捋。

↑

先看行业。实际上大家把全行业的平均薪酬亮出来，便能很容易地看出趋势：

NO.1	互联网	10.8k
NO.2	金融	10.0k
NO.3	专业服务	9.8k
NO.4	房地产	8.8k
NO.5	通信	8.7k
NO.6	电子/半导体	8.2k
NO.7	工程施工	8.1k
NO.8	医疗健康	7.9k
NO.9	交通运输	7.7k
NO.10	教育培训	7.6k

来源：数据分析平台

由此可看出，互联网和金融算持续热门的行业。从我了解到收入情况还不错的案例中，多数也集中在这两个行业中。不仅因为金融有资源、互联网人才缺口大，更关键的原因在于：二者具备极强的跨赛道能力。

我原公司的数据分析师左左，从游戏行业跳槽至零售超市领域。虽然是向下往传统行业"蹦跶"，但完全不影响他在新赛道继续如鱼得水，一路晋升成为新零售团队负责人。我另一同事小Z去了更传统的行业——黄金珠宝。公司在过去10多年一直做传统门店，现规划线上发展，于是小Z负责电商系统的渠道推广。技术形成的壁垒，它是一块有弹性的橡皮模块，能快速嵌入不同行业形态中。

哪怕再传统的行业，也有日趋夕阳和枯树逢春的区别。只要该行业需要信息化，需要数据分析，需要科技助推，互联网专业人才不论到哪个领域，几乎都会备受追捧。

就拿左左所在的零售商超来看，前几年阿里巴巴集团用224亿元收购大润发，而大润发在2015年和2016年两年均力压华润、沃尔玛、家乐福于中国零售商综合排行榜排名第一位。不少人感慨，实体超市大势已去。可互联网技术一旦被需要，便可形成降维攻击的姿态，快速渗透不同行业。这正是其厉害之处。

接着看岗位。前面 **CC** 的窘境并不在于行业，恰恰在于岗位。同样是程序员，工资有 3 千元和 3 万元的区别，差距到底在哪里？宏碁集团创办人施振荣先生，曾提出了有名的"微笑曲线"理论，以作为宏碁的策略方向。一个人犹如一家公司，含金量由附加值决定。

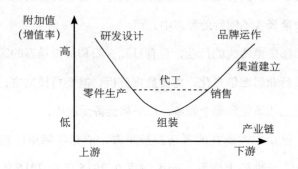

微笑曲线

研发设计与品牌运作，各占曲线的向上两端，其附加值最高。

以 CC 为例。虽做了 3 年多开发工作，然而接触的始终是内部运维系统，技术单一、模块化开发，本质等同"零件生产"；后来转岗销售，在微笑曲线中的位置并未上升，反而由于自身不善言辞、不懂市场，从而削弱其战斗力；转而回归技术岗，但公司是一家承接二级运营商开发项目的外包公司，若自己技术上无优势，品牌上无亮点，一不留神就往谷底滑落。

同是互联网从业者，前面提到的左左是数据分析师，业务部门每季度都要根据他的分析意见去调整战略；小 Z 负责渠道推广和构建品牌——都处于扬起"微笑曲线"那高高的两端。

↑ ↑ ↑

再看个人。讲两个真实的职业轨迹。

开发 A：毕业做维护→脚本开发→系统开发→数据库管理→架构设计→项目规划→新业务孵化团队。过程中自学项目管理、敏捷、ITIL、市场营销、商务谈判、金融财务。

开发 B：项目 1 后端开发→项目 2 后端开发→……→项目 N 后端开发。大量代码复用，每个项目几乎都是上一个的翻版。做了 9 年，是部门年纪最大的开发人员，同级员工全部 90 后。

B 的薪资，如今连 A 的零头都不到。到了有前途的行业、有前途的岗位，并不意味着拿到盛宴的入场券。你以为走到转角即将扶摇直上，但其实，它还是一条并无起色的直线。你的认知如果没扩大，行动的方向和投入的力度必然停留原地。

认知力是什么？面对同一件事，别人有一说一，你却能透过面向抓到通用的底层逻辑，以一抵十，再在执行力的捶打下，变成一台智能永动机，这样便能紧紧握有主动权。如果长板不够长、短板一大堆；知识更新迟缓、技能老旧过时，没等行业淘汰你，自己就已变成一个不合时宜的边缘人。

最后，很多人在"钱途"上迷路的原因是停留在第一步：不愿尝试。习惯性张口就问："做什么最赚钱啊？""月薪上万我就干！""哪个行业工资最高？"却忘记问自己喜欢做什么工作，擅长做哪些工作，蒙着眼睛听着张三李四在耳边指点江山的声音，没有职业目标，更没有职业规划，就这么逐渐迷失了自己。

还有人总抱怨缺少机会、错失风口。机会这东西就是临门一脚，但不少人都堆在后场晃悠，好歹也要冲到前场禁区才有资格抢机会吧？总是以保守加防守的姿势站在角斗场，即便背后有风呼呼地吹也只会下意识地裹紧身上的衣服，嘟囔句"风咋这么大啊"，这就是大部分人不知不觉错失钱途的原因。

该不该跳槽？我们来算一笔账

　　岁末年初是工作变动高峰期，人们好像和候鸟一样总想迁移到新领地。即便不想跳槽，看着周围人来人往，内心禁不住蠢蠢欲动。"如果我离职""如果我到了某某家公司""那行业看起来很有前途"……美好的想象交织在一起，有的人因此匆忙动了身。跳槽的原因，我们按下不说，就先聊聊跳槽背后那些看得见和看不见的成本吧。

↑

　　跳槽不外乎两种类型：裸辞和"骑驴找马"。主流意见通常认为最好先找到下家，铺好后路再离职为上策，否则所承担的风险往往无法控制。

之前的同事 L 属于第一种，他想休息和旅行，于是说走就走了。后面将近 1 年时间，同事们在他的朋友圈看到的都是西藏、古镇，还有大山大海。

期间大家也有不时在群里问他，这样到处旅游的费用还有平时生活开销怎么办。L 就开玩笑道："船到桥头自然直，总会有办法的。"在外面旅游了一圈，L 最后回来找了一份老本行开始继续工作。"这才对啊，你终于回到正轨啦！"大家纷纷肯定他的"回头是岸"，小 L 也只是笑笑。

从现实的角度，断了工资确实会有一种不安全感。但首先，没了工资不等于没了收入，其次，即便是消耗之前的积蓄，也并非什么错误，不过是漫长人生中的一个短暂的中场休息而已，自己也乐意为此付出代价。

这种态度，有时挺感性的（当然，脑袋一热就甩手不干了是另外一回事）。高晓松说："我不入流，这不要紧。我每天都开心，这才是重要的。"很多事情，如人饮水。别人眼中的正轨，不见得就是自己想要的。

去年朋友小丁跳槽到离家十几公里外的公司，薪资翻了50%，让大家羡慕不已。然而，原本骑电动车15分钟上班的小丁，每天在交通上的时间也翻了几番——变成了50分钟以上，来回就是100多分钟。

几星期后，小丁觉得太不方便了，准备买一辆代步车，价值18万多元，结果花在路上的时间却也没减少，为什么呢？从他的新公司园区开到大路上，基本需要5~10分钟。接着，那条路上每逢上下班高峰就堵得和沙丁鱼罐头一样，他不得不从绕城高速上走，折腾了一番到家，大半个小时过去了……

现在我们来算一笔账吧。小丁原先年薪在13万元左右，每天骑着电动车来回30分钟。跳槽的新公司，年薪近20万元，在交通上花费的时间为80分钟，外加买了一辆十几万元的车，每月固定支出油费、保养费、意外支出费（小丁第一个月开车就被罚款了450元）。

从工资的数字上看，第二份工作所得当然更多，但从付出的时间和金钱上看（暂且先不论发展前景之类），选择的天平则向前者倾斜。衡量的标准用3个字来概括就是：性价比。

人们的视线往往被收入数字所遮挡，忽视了各个因素需要占用这份工作收入的必要付出。时薪不仅没高，反而还更低，这样便得不偿失了。

↑↑↑

前同事小 J 由于家庭原因，跳槽到异地工作。该地市属于 5 线城市，工资比原先反而还少了一些，同事难免有些不理解，但用她的话说："这才是应该过的生活啊！"原本每隔两三周才能见一次的儿子和老公，现在终于可以时常团聚。在群里聊天时，小丁无不散发着拉开生活新篇章的阳光感。

我所在的互联网行业，算是大家眼中"有钱途"的行业。但人们看到的总是光鲜，看不到的都是苟且，发生在周围人身上或是听说的因为健康问题而后悔莫及的事情实属常见。之前我所在的团队，通宵上线升级都是常有的事。一份有价值的工作，是看它能否给你带来更好的生活质量、更多的幸福感，而非仅仅是工资账户的数字上涨，更不会以典当健康和梦想作为代价。

金钱是成本，健康是成本，和家人的相聚时光又何尝不是成本？

↑↑↑↑

在工作中重视自我提升，积极主动地去学习，保持任何时候都可全身而退的能力，这些都很重要。但让自己更从容地面对任何情况时，金钱是解决问题的重要工具。

1. 保留 3~6 个月的生活费

平时养成习惯，存有一笔应急资金，足以让你在不影响生活水平的情况下度过几个月。尤其是需要还贷的朋友，更得注意保证这笔固定支出的连续性，提早做好现金流准备。有信用卡卡债的朋友们，当有离职念头的那一刻起，为自己屯粮是重点，悠着些消费也是重点。给自己应对的时间，同时手里握有一笔随时可用的钱，面对生活会有底气得多。

2. 增加自己的多元收入

我的一个同学从辞职后到重新开始下一份工作之前，间隔了 5 个多月之久，但他的收入不仅没少反而进账 8 万多元。原来他通过朋友介绍接手一个开发项目，由于能力足以独立胜任，最终自己一个人花了 4 个月完成收工。

当离开一份工作后，能拥有除工作以外其他多元收入的人，或是有房屋租赁、投资所得等被动收入的人，无疑会更有安全感，也能睡得更安稳些。

3. 提早规划

裸辞不是什么错误，但没想清楚就裸辞，怎么看都像是挥起铲子给自己挖坑。职业发展方向和未来的愿景，这些与切身利益相关，未雨绸缪总能让自己更从容几分。另外，提早了解清楚医疗保险等事情也很重要。

我认识的人有的跳槽后混得每况日下，也有跳槽后过得风生水起，甚至有的三进三出同一家公司最终还是回到原点。**实际上，决定你过什么样生活，从来都不是你哪一次的选择，而是你一直以来的状态。**

此外，越是在出现变化的时候，越能体现金钱的重要性——让你拥有说 NO 的权利。平时多发掘几条能力渠道和收入渠道，情绪上不要和自个儿较劲，自然会少一些难堪，多一些泰然。希望我们都能在变化的世界中，找到最适合自己的方式和位置。